新幹線を航空機に変えた男たち

超高速化50年の奇跡

前間孝則
Takanori Maema

さくら舎

E6系

最新のテクノロジーが集結！
N700A（2013年～）
東海道・山陽新幹線

新幹線の主な車両

“エアロ・ダブルウイング”の先頭形状
N700系（2007年～）
東海道・山陽新幹線

“カモノハシ”顔が特徴
700系（1999年～）
東海道・山陽新幹線

鉄道ファンの人気No.1
500系（1997年～）
東海道・山陽新幹線

最高速度は時速270キロ
300系（1992年～2012年）
東海道・山陽新幹線

居住性が大幅アップ
100系（1985年～2012年）
東海道・山陽新幹線

高速鉄道新時代の象徴
0系（1964年～2008年）
東海道・山陽新幹線

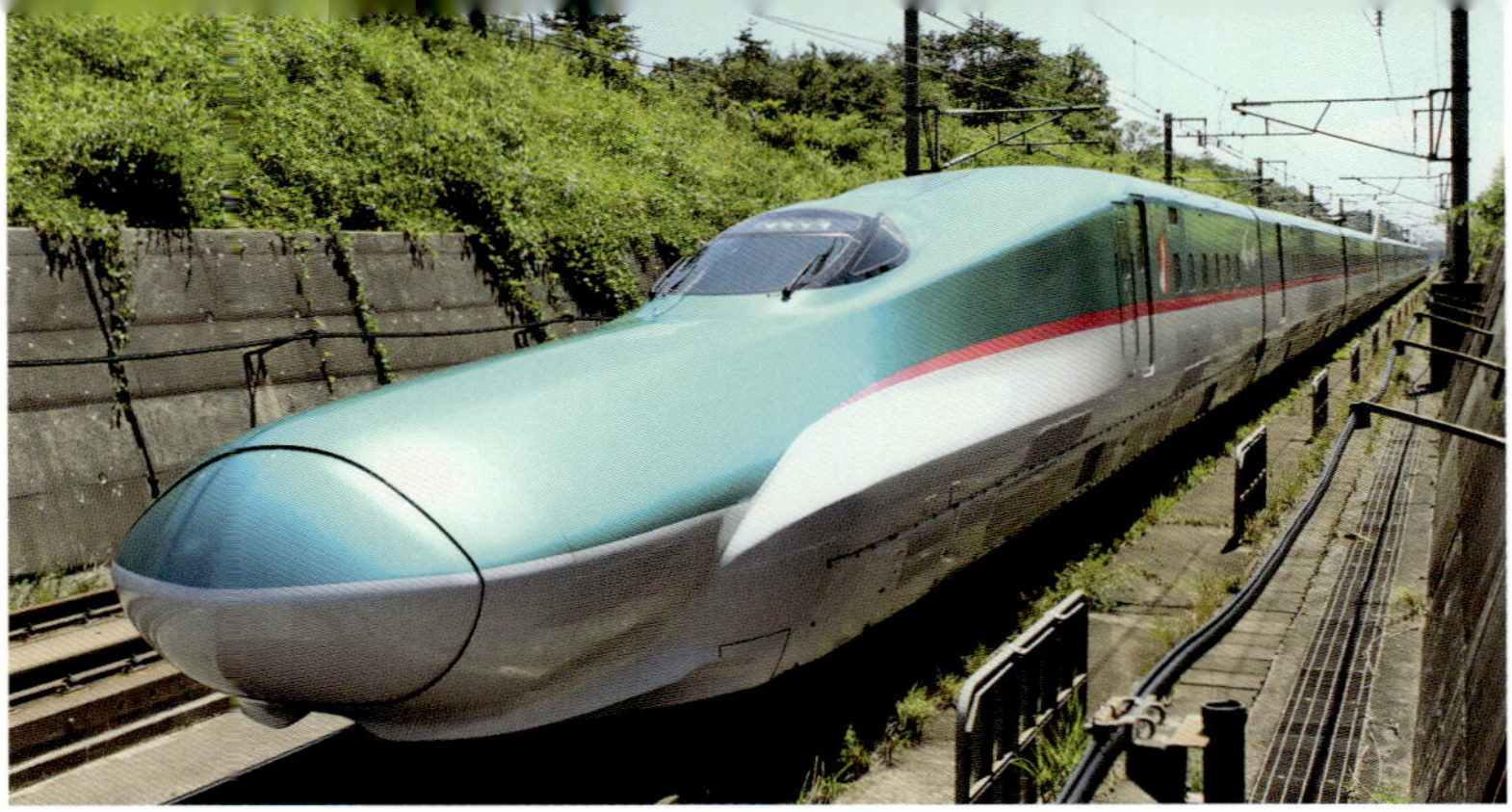

最高時速は320キロ！ E5系（2011年〜）東北新幹線

フェラーリを彷彿させる“赤”
E6系（2013年〜）秋田新幹線

デザインコンセプトは“和の未来”
E7系（2014年〜）長野新幹線

水戸岡鋭治デザイン
新800系（2009年〜）九州新幹線

次世代鉄道システム
超電導リニア

飛行機とリニアの混血
エアロトレイン

口絵写真提供：JR九州／マシマ・レイルウェイ・ピクチャーズ

目次●新幹線を航空機に変えた男たち

第二章　〝新幹線をつくった男〟の技術哲学

第三章　旅客機をイメージした0系新幹線

第四章　超流線形の新幹線登場

第五章　コストパフォーマンスと先頭形状

第六章　リニア車両の開発と飛行機屋

第七章　デザイン重視の時代

新幹線を航空機に変えた男たち

——超高速化50年の奇跡

序　章　飛行機への憧れ

限りなく飛行機に近づきたい

〝夢の超特急〟と呼ばれて登場した初代の0系新幹線は、やがてその先頭車両の顔が〝団子っ鼻〟の愛称を頂戴するほど国民に親しまれて人気を博すことになった。

今年は新幹線の開業からちょうど半世紀を迎えた。計画段階の頃は、「これからは、急激に進歩・発展しつつある自動車や航空機の時代である」とか、「もはや鉄道は時代遅れだ」と揶揄されたりした。「やがては斜陽となって衰退の一途を辿るであろう」とも予想された。

ところが、そんな逆風を新幹線は見事に跳ね返した。日本の奇跡的な高度成長の波に乗ってまたたくまにドル箱路線となった。挙句は「世界の鉄道界に革命を起こして鉄道を復権させ、まさしくルネッサンスを招来させた」とさえいわれるようになったのである。

だが、国鉄全体としてみれば赤字経営が深刻さを増すばかりで、新たな車両の研究開発に向けるべき資金の確保ができなかった。技術陣の志気は低迷したままの状態が長く続くことになるのである。このため、0系車両のモデルチェンジはいっこうになされず、三〇年以上もの長きにわたって第一線で走り続けることになる。

一九八七年四月、国鉄の分割民営化を機に取り巻く状況は一転した。ＪＲ各社は競い合うようにして、０系に替わる新世代の車両開発に乗り出したからだ。一九九〇年代前半頃から今日に至るまでの二〇年余ほどの間に、ＪＲ各社は新世代の車両を次々と登場させてきた。

一九九二年、まずはＪＲ東海が先陣を切って３００系「のぞみ」を登場させ、ＪＲ西日本が５００系を、さらには両社の共同開発による７００系、８００系、Ｎ７００系、Ｎ７００Ａと続き、リニアの実験車両も登場した。

ＪＲ東日本も負けてはいなかった。４００系、Ｅ１系、Ｅ２系、Ｅ３系、Ｅ４系、Ｅ５系、Ｅ６系、Ｅ７系を登場させたのである。

そのとき最も注目を浴びたのが、その最高速度と併せて、０系とは似ても似つかないさまざまな超流線形の先頭形状だった。これらは航空機開発の過程において生み出された最先端の空気流体力学（空力）理論に基づくコンピュータ・グラフィックス（ＣＧ）の三次元曲線で形づくられていた。

併せて、聞き慣れない高度な理論の「遺伝的アルゴリズム」も駆使して、ロングノーズと呼ばれる超流線形の個性的な〝顔〟を登場させたのである。いずれもＪＲ各社と航空技術者とのコラボレーションから生み出されていた。

もともと鉄道と航空の両技術者たちはまったく別の分野だとして、昔から交流はほとんどなされなかった。ところが、新幹線の高速化に伴って前者から接近したのである。

こうした種々の背景もあってか、ＪＲ各社が新世代の新幹線車両に付けた呼び名にいずれも大空を飛翔するイメージすら感じさせ、スピード感に溢れている。例えば、「エアロストリーム」「エアロ・ダブルウイング」「アローライン」「レールスター」「ストリームライン」「シャークノーズ」などだ。

これらの顔付きや呼び名は、高速性の象徴ともいえる「限りなく飛行機に近づきたい」とする鉄道技術者たちの強い願望と憧れがおのずと表れていた。それは、インタビューしてきた一連の新型車両の開発責任者たちが語った言葉からも十分に確認することができる。

飛行機の発明もまたそうであった。太古の時代から「鳥のように大空を自由に飛んでみたい」とする人間の強い願望とパトスから生まれてきたものである。

原理的に見て〝地上（レール）の上を走る〟鉄道と、〝空を飛ぶ〟飛行機とはまったく異なる乗り物であることは言うまでもない。とはいえ、〝より速く〟を目指すスピード化のトレンドにおいて両者の思いは同じであって際限がなかったのである。

特に鉄道側からすれば、一九六四年十月の東京オリンピック開催に合わせて開業した０系新幹線は、「スピードの速い（所要時間の短い）飛行機に対抗する」との大きな狙いが込められていた。

この頃、日本の空を飛んでいた旅客機の多くは、スピードが遅いプロペラ機だった。ところが、より速いジェット機へと急速に転換しつつある技術革新の時代でもあった。日本航空や全日空は競い合うようにしてジェット機の導入を推し進めていたのである。ただでさえ、「鉄道は斜陽だ」と決めつけられて、飛行機や自動車にその地位を奪われるとみられていただけに、鉄道（技術）関係者らはいやがうえにも旅客機を強く意識せざるを得なかったのである。

地を這う巨大な物体

一九九〇年代の終りのことだった。関西方面に向かうため、東京駅の新幹線ホームで列車を待っていた。目的地に着くまでに目を通しておくべき分厚い資料に見入っている時、列車の入線を告げるアナウンスが流れた。車両が滑り込んでくる気配を感じて、そちらの方を振り向いた。すぐ目の前には、あのボリューム感のある巨大な物体が地を這いながら、こちらを圧するように迫ってきた。

「これはなんだ！」と思わず心の中で叫んでいた。７００系先頭車両のノーズスラント（先頭形状）との最初の出会いだった。もちろんそれ以前に、７００系のデビューは知っていた。テレビのニュース映像やグラビア写真で何度も目にしていた。だが予想もしておらず、突然、振り向きざまに初めて実物を目の前にしたときの、形容しがたい驚きと奇妙な感覚が私を襲ったのだった。

「もしかして７００系の車両デザイナーは、この驚きを伴うインパクトのアピール効果を狙って、あえてこんな形に作ったのか」とさえ思ったものだ。

また「宇宙戦艦ヤマト」などのアニメやハリウッドのＳＦ映画などで、遠近感や立体感をことさら強調してデフォルメされた映像も思い起こしていた。たしかにＩＴ技術が急速に進化する現在、コンピュータを駆使したシミュレーション技術はより高度化してきた。ＣＧ技術が万能となって、複雑でリアルな三次元曲線も容易に具象化して動かせる時代となった。それがゆえに登場してきた先頭形状だなとも思った。

こうした反応は何も筆者だけではないらしい。バラエティーに富んだこれら新世代の新幹線車両の顔の実物に初めて出くわしたとき、反射的に「これは一体何だ」「異様な感じを受けた」と口にする人が少なくないからだ。やはり、「何だかＳＦ的で、アニメ映像の世界から飛び出してきたような顔付きだ」といった反応だった。

でも好奇心が旺盛な子どもたちの反応は違っていたようだ。理屈抜きに「すごい」とか「おもしろい」と叫んで、目を輝かせていた。

これらの顔については好き好きの賛否両論がある。顔によっては違和感や「親しみを覚えない」とか「美しくない」。そればかりか、「奇妙だ」「グロテスクだ」とさえ言い切る人もいる。

伝えられる話では、ＪＲが新型車両を報道陣に初公開するお披露目の際、長年、鉄道写真を撮り続けてきたベテランのカメラマンが頭を抱えたという。「この先頭形状は、どの角度から撮ればカッコよく見せることができるんだ！」

一説によると、人は今まで見たことがない動く大きな物体を見た瞬間、本能的に不安や恐怖感に襲われるという。それは数千年、数万年と続いた大古の時代に、人間が猛獣に出くわしたときに命の危険を感じて、ただちに反応していたからだと。

同時に、反射的あるいは無意識のうちにも自身の過去の記憶を瞬時に辿り、それと似た自然界の動物などを見出そうとする。もしそこで同じようなものが見出せれば、「あ、あれと似ているな」と認識して、少なからず経験的に対処する方法が取れる。ところが該当するものが見出せなければ、どうしてよいかと不安に襲われるというのである。

これら新世代の新幹線の顔は明らかに、これまでの世界の鉄道車両の顔とは大きく異なり、見たことがない。それは、長年にわたり鉄道が培ってきた技術とは異種の流れである最先端の航空機技術を取り入れて合体させ、複雑怪奇な三次元曲線で構成された姿かたちを生み出していたからであろうか。その意味においては、今までの自然や世の中には存在しなかった異質な人工物あるいは人間の想像の産物としての〝混血（ハイブリッド）〟あるいは「キメラ」を生み出したともいえるのかもしれない。

キメラとは、よく知られた例として、ギリシャ神話に登場する怪獣のことである。頭はライオンで体は羊、尻尾は蛇の姿をした生き物だ。一般的な定義は、二対（ここでは飛行機と鉄道車両）以上の親に由来する異なった遺伝子が、一つの身体の各部分に混在する生き物のことだ。だからか、少なからず新型車両の顔に違和感を抱く人も少なくないのであろう。

こうした一連の想像や疑問から、鉄道技術者に訊いてみた。「日本のように、これほどの超流線形をしたさまざまな相貌を持つ車両を次々と生み出してきた国は他にあるのですか」。また調べてもみた。

Ｎ７００系の先頭形状を開発したＪＲ東海総合技術本部技術開発部の高速技術チーム空力グループの成《なる》

瀬功《せいさお》グループリーダーはきっぱりと言い切った。

「鉄道先進国といわれる欧米諸国においても見当たりません。日本ならではのオリジナリティーそのものです」

かつて0系新幹線が登場したとき、それまでの最高時速は狭軌のレールを走るビジネス特急「こだま」の一一〇キロだった。それを一挙に二倍近くに引き上げて二一〇キロの超高速が実現したことから〝夢の超特急〟と呼ばれた。

車両は今までに見たことのない軽快さを感じさせる白地で、横っ腹にはブルーのラインが走っていた。加えて、その先頭形状は人々の目に、流線形そのものと映って斬新さをアピールした。「スピード感が溢れるデザインだ」と持て囃されたものだった。

ところが、一九九二年三月に300系の「のぞみ」が登場して以降、見方がガラリと変わってしまった。そのあと、さらに流線形をエスカレートさせた新世代の新型車両が次々と登場してくると、誰ともなく0系の先頭形状が〝団子っ鼻〟と呼ばれるようになった。人間の感覚（視覚）とは相対的なもので、0系が鈍頭と見えてきたのである。

一連の新世代の新幹線車両の中では500系が最も長い鼻をしていて、その曲線部分は一五メートルもある。まるで、英・仏が共同開発した世界で唯一の超音速旅客機（SST）「コンコルド」のように鋭く尖った先頭形状をしている。

この開発の際にJR西日本から、またリニアなどではJR東海からも協力を要請されて、この間の二〇年近く、新幹線の研究開発に尽力してきた独立行政法人宇宙航空研究開発機構（JAXA）宇宙科学研究所（宇宙研）の藤井《ふじい》孝藏《こうぞう》副所長にも話を聞いた。

「新幹線の三次元曲線で構成された先頭形状を作り出すには、航空機開発などでは不可欠な流体力学のC

ＦＤ（コンピュータによる数値流体力学のシミュレーション解析）の技術を用いています。でもこうした航空機開発の先端的な技術を駆使して開発を進める鉄道会社は海外にはほとんど見当たりません。

そのためこの間、私のところにはフランスやドイツ、アメリカの研究者などからいろんな問い合わせがたくさんありました。また『勉強したいので……』といってわざわざ私の研究室に研究者を送ってよこしたりしてきました。でも海外の超高速鉄道を取り巻く状況や環境が日本とは異なるので、こうした技術をあまり重視していないようです。まちがいなくこの分野は日本が一番進んでいるといえるでしょう」

最先端の航空研究者に白羽の矢

藤井副所長は、航空およびロケットの研究において日本を代表する研究者でありながら、異質な鉄道の研究も引き受けてきた。新世代の新幹線の開発に大きく貢献してきたことから、そのプロフィルを少しばかり紹介しておこう。

藤井孝蔵

「ＪＡＸＡの航空部門（航技研）にいたときに思ったのは、大変必要なことではあるが、みんなが飛行機の細かいところを研究している。でもそうじゃなくて、もっと新しい飛行理論の概念とか、全然違う飛行機とか、そういう研究をもっとやってほしい、またやってみたいと思いましたね。

だから、最後の残り少ない人生において、楽しい夢のある研究をやっていきたいと思っています。これからの主要な研究は『火星航空機』と、従来の飛行理論に捕らわれない流体の制御理論『能動的流体制御に関する研究（プラズマアクチュエータ）』の二本柱で進めつつあります」

これまでには、ＪＡＸＡの探査衛星「はやぶさ」などを打ち上げたＭ５固体ロケットやＨ２Ａ液体ロケットの開発などにも関係してきた。しかも、藤井研究室は国際色豊かで、現在は東南アジアや欧米など五カ国から来た研究生も含めて十数人の陣容である。

火星航空機と聞くと、地球の重力圏に留まる身としては、「本当かね？」と思わないでもないが、こう語った。

「火星航空機は一〇～二〇年後の実現を目指すチャレンジングな研究です。火星大気圏内で飛行する探査用航空機ですが、火星の大気の密度は一〇〇分の一と大変低いのです。必要な揚力を得るために、すべてが翼ばかりのような（全翼機に近い）飛行体となっています。それに、火星は強い突風やダストストリームなどが吹き、地球上とは気象条件が大きく異なるので、飛行制御が難しい。そのため、私の専門で（新幹線の研究でも活用された）最新のＣＦＤや設計最適化手法を用いてこれらの問題に取り組んでいます」

一九七四年に東京大学航空学科を卒業して就職する際、藤井は「三菱重工のような大きな組織より、手作り的な実態がまだある富士重工がいいかと思い、訪問して『ああ、いいよ』との返事をもらったのだが、親が『大学院に行きたいなら行ってもいいよ』と言ったので、進むことにした」

博士課程を卒業後、米国のＮＡＳＡ（米航空宇宙局）で二年ほど研究に従事して帰国、当時の科学技術庁航空宇宙技術研究所（航技研）に就職した。すると再びＮＡＳＡに派遣され、二年を送った。この間、超音速機（ＳＳＴ）コンコルドのようなデルタ翼の研究に携わった。

「これは一般的な翼とは違って、失速（空気流の渦）がどういうふうに発生するのか、現象が複雑なので、それまではコンピュータ上でのシミュレーション計算ができなかった。このため新たに手法を開発して、スーパーコンピュータを使って膨大な計算処理をすることで可能となることを明確に示したのです」

この業績は高く評価され、ＮＡＳＡの研究所の正面玄関には、その成果を示す大きなパネルが何年にもわたり飾られることになった。ＮＨＫもこの成果に着目して取材するため、わざわざＮＡＳＡにやって来た。「コンピュータが世界を変える」との番組で、その代表事例として放映されたほどだった。

このほか、一九八〇年代半ばから九〇年代にかけて、日本とボーイングが共同で進めようとした新型旅客機７Ｊ７の開発計画でも、藤井らは独自の設計手法を開発して主翼のシミュレーション解析を行っていた。

この時の同僚で同じ開発を手掛けていたのが三菱重工から米国に派遣されていた航空技術者の宮川淳一（現三菱重工技師長）である。東大航空学科卒で、父親は防衛庁（現防衛省）に勤務していたことも航空分野に進む動機付けになっていた。テニスの名手で真っ黒に日焼けしたその精悍な風貌は、航空機設計者らしからぬといえよう。若い時代、会社から米スタンフォード大学に派遣されて、その頃、シミュレーション解析の最先端技術として注目されはじめていたＣＦＤを学んだ。その後、日本が主導した日米共同開発のＦ２支援戦闘機の風洞実験などを担当した。

その宮川が意外なことを口にした。

「三菱が航空機の自主開発を手掛ける機会が少なかった時期、私はＪＲ東海のリニア車両で超流線形の先頭形状の開発を担当していました。これもまた貴重な経験でした」

ＪＲ東海からリニア実験車両および量産車両の受注をしたのは、三菱重工だったのである。しかも、その開発で最大の課題となる先頭形状などは、鉄道とは無縁だった宮川らが属する航空機部門が担っていたのである。

三菱重工は鉄道車両部門を持っているが、車両の大手メーカーではない。一〇〇年以上も前の鉄道院あるいは鉄道省の時代から、そのほとんどの車両の受注を獲得してきた伝統ある大手車両メーカーへ発注されなかったことは、象徴的な出来事だった。時速五〇〇キロという超高速で走る（約一〇センチほど浮い

ＭＲＪの完成イメージ

てレール上を飛ぶ）リニア新幹線が、もはや航空機の領域に突入したことを意味していたからだ。

宮川はリニアを手掛けた後、防衛省が現在開発中のステルス実験機「心神」のプロジェクトマネージャーとして取り組んだ。さらには一時、やはり現在開発中の国産旅客機ＭＲＪ（三菱リージョナルジェット機）のプロマネにも就任していたホープである。

先の７Ｊ７の開発では、当時、航技研は世界最高速クラスのスーパーコンピュータである富士通の「ＶＰ４００」を有していたので、これを駆使して、空気流の乱れが生じる先の遷音速（マッハ一前後の〇・七五～一・二五領域）飛行する主翼のシミュレーション解析を行ってみせたのである。

これにより、「日本も実用性をもつ最先端の設計手法を有しているのだから、主翼の設計を日本にやらせろとボーイングに迫ったのですが、彼らの経営戦略から、新型機の計画そのものが中止となって実現しませんでしたが」と藤井も宮川も悔しさを覗かせた。

でもこの設計手法はこの後、ボーイングの大型旅客機Ｂ７７７の主翼の開発時にそっくり生かされたのである。

世界を舞台にした航空宇宙分野の先端的研究を進めてきた藤井が専門とするこうした一連の研究成果が、超高速化を目指そうとして模索していた新世代の新幹線の開発にとって不可欠な技術であることがわかってきたのである。藤井はＪＲ各社と共同研究を行ってきた体験から、航空と鉄道の技術の共通性について語った。

「この一〇年くらい、継続してＪＲ東海さんや三菱さんとはリニアの開発においても共同研究を進めてきました。航空機の場合は実機の飛行試験で機体の周囲の空気の流れの状態を詳しく計測することが難しいので、実物の十分の一とかの模型（モデル）を使って風洞試験を行って得たデータに頼らざるを得ない。だから機体の複雑な形の部分では実機での状態とは違ってくるところがある。

また大空に向かって打ち上げるロケットの場合はもっと条件が悪くて、実際の計測ができにくくて、実データも得にくい。ところが鉄道の場合は、実験車両を実際に走らせることができるので実データが得られるわけです。

だから、実験車両に適用されたわれわれが考案した空気流のシミュレーション計算の手法がどれだけ正確で実際と一致するかの確認・評価をすることができる。その点において役立つデータをＪＲさんから提供していただけるので、われわれにとっても大変ありがたいのです」

藤井はその後、文部省宇宙科学研究所の助教授そして教授となるが、最先端技術の研究者にありがちな、自身の専門領域に閉じこもることはしない。「技術的にも知見的な意味でも、鉄道とか航空およびロケットとかを異なる分野として分けるのではなく、領域を超えての共通性があるものとして見ていく必要があると思いますし、得るところも多いのです」

このような共同研究、共同作業を通して感じた鉄道技術者についても語った。

「たとえ鉄道技術者が、高度な空力的理論を一〇〇パーセント理解していなくても、技術の勘所としては大変よくわかっておられる。それに実車での経験やデータを豊富にもっておられるので、やり取りにおいて感覚的にも通じあって議論が進んでいく。自分たちの経験も踏まえて、『ああー、こういうことだよね』とわれわれの手法を理解し納得してもらえる。そうした点からしても優秀な方々だなあと思います」

トンネル微気圧波が最大の問題

航空宇宙の研究者である藤井が鉄道にタッチするきっかけとなったのは思いがけないことからだった。一九九三年、静岡県のトンネル内を走っていた新幹線車両の窓ガラスが割れる事象が起こった。

「これはトンネル内での上下線の車両のすれ違いざまに、石を跳ね上げたことが原因ではないかと推定されたのです。『この現象をコンピュータ上でのシミュレーションで再現できないでしょうか』とNHK総合テレビの番組担当者が相談に来られました。

『モデル化すればできるだろうから、やりましょう』となって引き受けたのがきっかけでした」

このシミュレーション映像は一九九三年五月二十四日のNHK総合テレビ「クローズアップ現代」で、「時速二七〇kmの落とし穴」と題して放映された。その少し後、この番組を見たJR西日本の技術者が訪ねて来て、頼まれたのである。

「うちの新幹線の路線はトンネルが多くて、時たま窓ガラスにヒビが入ったりすることがあるのです。そうしたことも含めて、列車がトンネル内を高速ですれ違う際にどのような現象が起こるのか。ちょうどこれから500系の車両を開発しようとしているので、その先頭形状によってもそれがどのくらい違ってくるのかなどを評価したいので、ぜひシミュレーション計算をしていただけませんか」

「われわれの研究所は宇宙や航空が専門で、鉄道は畑違いだが、広く国民に利用される新幹線なのだから、まあ一定の時間を割いてお手伝いするのも一つのいい経験だろう」と思い引き受けたのだった。

この後、JR西日本は四種類の構想モデルおよび300系の先頭形状の模型を持ってきた。トンネル内での圧力変化がどのように起こり、車両にどんな空気力（負荷）がかかるのかを解析して、そのデータを渡した。これが鉄道との付き合いの始まりだった。

この時の各種模型の考案については、やはりJR西日本から要請された日本を代表するもう一人の航空研究者がかかわっていた。後述する東北大学流体科学研究所の小濱泰昭《こはまやすあき》教授である。

続いて藤井は、JR東海からリニアの開発についての協力を頼まれた。その車両を受注した三菱重工なども協力しながら今日まで、一〇年も携わることになった。

「リニアの開発の過程ではその都度、彼らが非常にクリティカルだと思っているリニアの設計手法に関して協力してきました。またそれが実験車両として作られて、われわれが言ってきたことが正しいことが実証され、データとして出てくるので、こちらとしても興味深いですし、大変勉強になります」

近年、全国各地の路線において、カラフルで流線形をした先頭車両の特急電車が続々と登場してきた。こうした傾向も含めて成瀬は語った。

「日本の環境規制は厳しくて、とくに騒音規制については世界一だからです。沿線近くには民家が多くあったりするし、その上トンネルが多い。その点、広い平地でのどかな田園地帯を突っ走る欧米諸国の超高速鉄道は、騒音をあまり気にしなくてもすむ。トンネルもほとんどない。ところが、列車が時速三〇〇キロ近くの超高速でトンネルに突っ込むとき、超音速機（SST）の超音速飛行時に発生する衝撃波〝ソニックブーム〟のような破裂音のトンネル微気圧波（百分の一から千分の一気圧ほどのパルス波）が発生するからです」

SSTのソニックブームはマッハ一前後で起きる。ところが新幹線のスピードはせいぜいがマッハ〇・二から〇・二五ほどにすぎない。なぜかそれがトンネル突入時に起きるのである。0系の最高時速二三〇キロ程度ではさして起こらない新しい現象だった。

一方、新幹線が走る日本の国土は欧州などとはまるで地勢が違っている。山間地が多くて海岸線近くにまで迫っていて平地が少ない。そこに東京や名古屋、京都、大阪といった大都会、さらには地方の主要都市の人口密集地を結んで走り、トンネルもある。そんな地域を縦断しながら超高速の新幹線が走るので、どうしても住民への配慮から環境規制は厳しくなる。

この制限基準を守るため、世界にも類を見ない超流線形の列車を開発することで、騒音（トンネル微気圧波）の発生および空気抵抗を極力抑えようとしたのである。

この難しい技術課題を克服するため、日本の鉄道技術者たちは、スピードではるかにしのぐ航空機に着目し、その一連の技術を積極的に取り込んだのである。その熱心さにおいては、どの国の超高速鉄道と比べても際立っていた。

それに日本は〝おもてなし〟のサービス精神に溢れている。「快適な乗り心地やホテルのような気分を味わっていただきたい」とか、「乗ってみたいと思わせる、わくわくするような魅力的でカッコイイ車両にすることで、新たなファンを掘り起こしたい」といった狙いもあった。加えて、日本人特有の隅々にまで行き届いたモノ作りの精神もあった。

このように、スピードアップを狙う新世代の新幹線を開発しようとするJR各社においてはその時、この騒音（トンネル微気圧波の発生）および急増する空気抵抗を減らす技術課題をいかにして克服するかが最大の課題となって立ちはだかったのである。

では０系の新幹線がもし三〇〇キロを出して、トンネルに突っ込んだ場合はどうなるか。たちまち微気圧波による大きな爆発音の〝トンネルドン〟を発生させて、深刻な騒音公害を引き起こしてしまう。

夜間に行われた新世代の試験車両での実験走行でも、速度を次第に上げていき、初めて二七〇キロ近くでトンネルに突入した時がそうだった。周辺の住民が驚いて戸外に飛び出した。「なんだこのものすごい音は、何か爆発したのか」

沿線周辺だけでなく、かなり離れている民家からも苦情が殺到した。

「窓ガラスや戸がガタガタ鳴り響いて眠れやしない。走行試験は止めろ！」

　このため、「トンネルドンを発生させないための最適の先頭形状はいかなるものか」。あるいは「列車の全走行抵抗に占める空気抵抗の割合が圧倒的に大きくなる」ことを防ぐ超流線形の顔を生み出す必要に迫られたのである。

ロケット爆発事故のシミュレーション

　そうした一九九三年頃、藤井は先のように、NHKからシミュレーションを頼まれ、はからずも鉄道に首を突っ込むことになったのだが、ほぼ同じ頃、それとは別の、意外なところからも頼まれたのだった。

「宇宙研が開発してきた衛星打ち上げのM5ロケットの打ち上げ能力が大きくなってきて、搭載する固体燃料も非常に大きくなったのです。となると、万が一にも打ち上げ時に事故を起こして爆発したとき、ロケットの破片が飛び散り、爆風も周囲に影響を及ぼす恐れがあるかもしれない。その時、人が住んでいる地域に被害が及ばず、安全かどうかを評価する必要がある。いわゆる保安距離の問題です」

　上司から「一週間以内でシミュレーションをやって、結論を出してくれ」との急ぎ仕事を頼まれた。爆発の際には約二〇〇気圧くらいの高い値になる。だが距離が離れると次第に下がっていき、最終的に評価しないといけない範囲では、一気圧の一〇〇分の一くらいまでの小さな圧力変動をとらえる必要があった。

　その値が極めて小さいので、この微弱な圧力変動を正確にとらえる必要から、あらためて新しい計算手法を創出して、シミュレーションを行った。すると、鹿児島県内之浦の発射基地は小高いところにあって、そこから爆風が波及するが、地上側は安全であることが確認できた。

　このシミュレーション解析を終えてしばらくした頃だった。清水建設の社員が大学院生を一人伴って藤井のところに相談に来た。

「JR東海さんが手掛けることになるリニアの建設がやがて始まるが、この路線はトンネルが多いといわれている。われわれとしてはたくさんトンネル工事を受注したいと思っています。でも新しい新幹線の実験走行ではトンネル突入の際に発生する微気圧波というのが問題になっている。このため、微気圧波が低くなるトンネルのようなものを考えたい。

ついては、この春にわが社に就職が決まっているこの新人を何年か、貴方のところに預けて、彼を鍛えてトンネル微気圧波を軽減するトンネルの設計をやっていただきたいと思うのですが、ご協力をお願いできないでしょうか」

これまた藤井が専門とする航空宇宙分野とはかなり外れていたが、「たまたま手掛けたＭ５の爆発のシミュレーションで開発した微気圧波の微弱な圧力変動を正確にとらえる技術が使えそうだ。それに、清水建設は人もお金も出してくれるというので、まあいいか、『やりましょう』と、受託研究として引き受けたのです。ＪＡＸＡが目指している産学連携といったところでしょうか」

修士を卒業して入社したその小川隆申《おがわたかのぶ》は、まもなくして藤井研究室にやってきた。藤井の指導の下で、手始めに宮崎の実験線で走っているリニアの実験車両がトンネルに突入したときのシミュレーション解析をやることにした。ところが、ＪＲ東海に資料提供を申し込むと断られてしまった。

「開発中のリニア車両の図面や資料は出せません」

無理もない、最先端技術のノウハウの塊であるからだ。しかたなく、大判の図鑑に掲載されているリニア車両の図から外観形状を割り出して、それを使ってトンネル突入時のシミュレーション解析をやってみたのだった。その中身について藤井は語った。

「ＮＨＫの石が跳ねたことのシミュレーションの依頼と、清水建設のトンネル微気圧波の受託研究の二つは、私が鉄道に首を突っ込むきっかけとなったのです。でも、鉄道の場合、車両の形状や取り巻く環境条件が航空よりも複雑で、しかもトンネル内で上下線の列車がすれ違う際の百分の一気圧以下の微気圧波による変動をとらえる必要があります。

結構、計算の容量が大きくなって、普通のコンピュータでできるレベルではないのです。となると世界最高レベルのスーパーコンピュータでシミュレーション解析をしなければとなると、ちゃんとできるところは国内ではそうはないのです」

小川は当初、藤井の手取り足取りの指導やアドバイスを受けつつ精力的に取り組み、藤井研究室には数年いて、こうした高度で最先端の研究に取り組んでいった。

その成果は一九九五年、ドクター論文「列車トンネル突入時のトンネル内　圧縮波形成過程に関する研究」としてまとめた。

同時期、小川は藤井との連名で「定常流を用いた列車トンネル突入時の圧縮波波面こう配予測法」（『日本機械学会論文集』一九九五年六月刊）を、続いて「微気圧波軽減のための理論的列車先頭形状設計法」（『同論文集』一九九六年七月刊）をそれぞれ発表した。

藤井はこの論文について解説した。

「単にトンネル微気圧波の発生を簡単に予測するという研究レベルに留まらず、その成果を踏まえて、微気圧波を低く抑えた実際の先頭車両の形状をも設計できる新たな手法を開発した。そういう点においても学会や鉄道の世界で高く評価され、特許も取得しました。またその後に登場してくるＪＲ各社の新幹線車両の先頭形状を設計していく上で大いに役立っています」

第一章　悲願　時速三〇〇キロの壁

０系新幹線にも航空技術が

振り返れば、一九六四年十月、東京オリンピックの開催に合わせて０系新幹線が登場した。だが、それ以前の鉄道技術者たちは、新技術を取り入れることにおいて、「常に慎重で石橋を叩いてばかりの経験工学を重んじる保守的な姿勢」と揶揄されてきた。なまじ長年の歴史と伝統そして豊富な技術の蓄積に基づく自負があって、それに固執したのである。このため、かえって鉄道の専門の枠内に閉じこもる傾向が強かった。

でも国鉄が万年赤字の経営だった一九七〇年代から八〇年代には、超高速列車の代名詞となっていた〝シンカンセン〟に「追いつけ、追い越せ」とばかりに、欧州のフランスＴＧＶやドイツＩＣＥなどが相次いで高速列車を開業した。イタリアやスペインも続いた。これらの最高速度は日本の新幹線を上回っていて、お株を奪う勢いであった。

このような背景もあって、国鉄の民営化以降、航空技術のスピンインや航空技術者とのコラボレーションが大きな刺激となって脱皮した。新たなステージへと大きく飛躍、進化させることになったのである。その結果、今ではトータルシステムとしての新幹線は、世界の鉄道界においてトップレベルを走っている。

だが見方を変えれば、日本の新幹線の先頭車両は、山や谷、トンネルが多い地勢の国土だったがゆえに生み出された特殊性も併せ持っている。それだけに近年、盛んになってきつつある海外への（インフラ）輸出ともなると、相手国によっては過剰品質とか適応性に欠ける面が出てきている。そのため「日本の新幹線車両（システム）はガラパゴス化している」との指摘もある。こうした点については現在、日本の鉄道会社および車両メーカーが克服すべき大きな技術課題として取り組んでいる。

先の成瀬功《なるせいさお》は慎重な言い回しで語っていた。「海外の鉄道には日本とは違う基準があるので、輸出先の国の実情やニーズに合わせてマッチングさせ、車両メーカーとJRが一体となって開発していくことになります」

時代をさかのぼって、一九六〇年前後の頃に、初代の新幹線0系の車両を開発した国鉄の客車グループ次長で、〝車両設計の第一人者〟ともいわれた高齢の星晃《ほしあきら》にインタビューしたことがある。その際に当時のことを語ってくれた。

「あの頃、世界は〝ジェット機時代の到来〟と騒がれていました。その一方で〝鉄道は斜陽だ〟〝時代遅れだ〟と言われたものです。だから、0系車両を開発する鉄道屋はみんな高速で飛ぶ飛行機を強く意識していて、その先頭形状に似せて作ったのです。〝新幹線の生みの親〟といわれる国鉄技師長の島《しま》（秀雄《ひでお》）さんも0系の先頭形状では、飛行機のような顔付きにこだわっていました」

なにしろ、国鉄内でも、「今度作る超特急の列車は、まるで飛行機が空を飛ばずに地上を走るようなものだとの声がずいぶんあった。それで夢の超特急ともいわれた」と島の次男で0系の台車の開発および東北・上越新幹線の200系車両の設計責任者を務めた島隆《しまたかし》は語った。

実際、0系車両が完成して、鴨宮のモデル線区（神奈川県綾瀬市から小田原付近の鴨宮）で車両を走らせ、時速二五六キロを記録するのだが、それをNHKが番組作りでヘリコプターやセスナ機で追いかけようとした。ところが、「とても追いつけない」と当時の鈴木健二アナウンサーが叫んでいた。

でも、0系車両は、単に飛行機の外観を真似ただけではなかった。当時、この車両開発で先頭形状の開発を担当した元国鉄の鉄道技術研究所員で鉄道総合技術研究所専務理事を歴任した田中眞一は語った。

「航空機の開発では当然となる風洞試験もやったのです。当時、国鉄には風洞試験装置がありませんでした。でも東京大学にあるというのを聞きつけて、彼らが使う合間を見計らって割り込ませてもらい、高速化に伴って急速に増す空気抵抗をできる限り減らせる先頭形状を生み出していったのですからね」

飛行機を真似たのは、こうした外形形状だけではなかったと星は語った。

「車両全体のカラーリングにおいても、それまでは汚れが目立つとして御法度だった白を思い切って地の色に採用しました。当時の旅客機はみんなそうでしたからね。これは日本の鉄道では初めてのことです。しかもその横っ腹に濃いブルーのラインを配したのも、旅客機を真似たのです。するとスピード感が出ますからね」

その斬新さから0系新幹線は「スピード感溢れるデザインだ」と持て囃された。「それに、新幹線の競争相手は旅客機だから、これに負けてはならじとの強い意識がありました」とも語る。

先頭形状だけでなく、そのほかの外観においても新幹線車両が飛行機に似せて作ったわかりやすい数例を挙げてみよう。

飛行機の場合、機内の圧力は地上よりわずかに低い一気圧弱の一定に保っている。でも高度を上げていくと外の気圧は次第に低くなるため、離着陸するたびに内外の圧力差から機体は膨らんだり縮んだりする。そのたびごとに、繰り返し応力の負荷が胴体にかかり、疲労強度が問題になってくる。このために、強度を確保する意味からも、小さい窓が当たり前になっている。

一方、鉄道の在来線の電車では、一般的に車内を明るくし、眺めも良くするために窓は大きくとっている。だがそれに比べて、０系および新世代の新幹線車両においては窓が小さい。それも最近になるほど最高速度が上がっているので、より航空機と似て極端に小さくなってきている。やはり航空機と同様に、トンネルの突入時に発生する微気圧波による車両内外の気圧の差や、あるいは上下線の列車のすれ違いざまにおこる同様の変化などによって、車両にかかる負荷の繰り返しに伴う疲労強度や騒音の問題があるからだ。

また計器類を配置した運転台などは飛行機のコックピットを彷彿とさせる。超流線形の先頭形状の中ほどから天井にかけての丸いふくらみもまた、飛行機の操縦席上部のキャノピー（天蓋）とそっくりである。その典型例が鋭く尖った先頭形状の５００系である。ブルーリボン賞やグッドデザイン賞を授賞し、鉄道ファンには断トツの高い人気を誇る。

５００系の開発にかかわった先の小《こ》濱泰昭《はまやすあき》教授は語ってくれた。

「５００系の先頭形状は飛行機の機体の最後尾を一八〇度ひっくり返した形にそっくりです。その理由は、折り返しの運転で進行方向が逆になったときに後ろとなるが、そのとき、どうしても最後尾において生じる空気流の乱れから車両も飛行機も揺れるので、それを防ぐために求められた形状なのです」

そういわれ、あらためて旅客機の写真の最後部の形状に着目すると、確かに鋭く尖っていて、５００系にそっくりだった。

また日本の和風のイメージや自然素材を大胆に取り入れて、たえず注目を集めている九州旅客鉄道（ＪＲ九州）の新しい車両がある。新幹線の８００系や豪華寝台列車「ななつ星ｉｎ九州」などだが、これら一連のデザインを引き受けた鉄道車両デザイナーの水戸《みと》岡鋭治《おかえいじ》も語っている。彼がこの車両に先だってデザインしたモダンな特急「つばめ」には、「荷棚は航空機のボックス型のハットトラック式を取り入れました」。この「つばめ」のデザインによって水戸岡は国際的な賞の「ブルネル賞」などを受賞した。

これらの例も、新幹線が限りなく旅客機に近づいている証左である。だから、０系新幹線が初めて一般にお目見えしたとき、誰ともなく口にしたのが「翼なき旅客機」だった。

先の星も語っているように、０系の開発においては明らかに「飛行機を強く意識し、真似て作った」ものだった。

もう一人の航空研究者に白羽の矢

このように、新世代の新型車両の開発過程では、航空技術が盛んに取り入れられていた。だが０系のときのように、外観形状やカラーリングを「真似る」とか、単に風洞試験で空気抵抗の対策をとった程度の次元とは大きく異なっていた。なにしろ、空気抵抗は大まかにいって速度増加の二乗に比例して急激に増大する。

となると、それに伴いエネルギーロスも急増するので、その分だけモーターの出力も含めてすべての装置を大型化しなければならなくなる。となると車両は重くなってますますマイナス要素も大きくなる。

でも、最大の課題となった騒音（トンネル微気圧波）もまた凄まじいものとなって、鉄道技術者たちを大いに悩ませた。さらには、まとわりつく車両の周りの空気流が大きく乱れることで、車体の揺れも大きくなって走行が不安定となり、乗り心地を悪くしていた。しかも、周辺住民に騒音公害をまき散らし、車両内外の圧力差や微気圧波によって乗客の耳（鼓膜）に圧迫感や疼痛をもたらすのである。

これら立ち塞がる技術課題を克服するため、鉄道技術者は航空機の最先端技術を取り入れることで、悲願の〝時速三〇〇キロの壁〟を破ろうとしたのである。

主要幹線を走る新世代の新幹線車両の中で、一番バッターとなったのが〝スーパーひかり〟３００系「のぞみ」である。そのあと、先のようにＥ３系、Ｅ４系、５００系、７００系、８００系、Ｎ７００系、

Ｅ５系などが続いた。

二〇一三年二月末には、さらに進化させたＮ７００Ａが、その翌月にはＥ６系、二〇一四年三月にはＥ７系がそれぞれ登場した。

これら一連の車両開発の際、ＪＲ各社から白羽の矢が立って協力を要請されたのが先の小濱教授であり、藤井副所長よりも早くからタッチしていた。このため、研究室がある東北大学の流体科学研究所に小濱教授を訪ねた。

小濱教授もまた航空機における最先端の空気流体力学（空力）に関する日本を代表する研究者の一人である。しかも、次のような研究において世界にその名が知られている。

かなり高度な専門領域となるが、小濱教授の航空研究の数例（論文名）を挙げておこう。例えば、次世代超音速旅客機（ＳＳＴ）などの開発には不可欠となる「超音速三次元境界層の乱流遷移と制御」とか、やはり聞き慣れない「複雑系境界層の乱流遷移メカニズムの解明と制御」ほか多数の論文を発表している。

さらには「超音速実験機における乱流遷移点の計測と予測法」の研究成果は、宇宙航空研究開発機構（ＪＡＸＡ）が取り組んでいるＳＳＴの実際の開発においても生かされている。そのＳＳＴ実現に向けての序章となる実験機の打ち上げ・飛翔試験においても小濱教授はその一端を担ってきた。その小濱教授に、ＪＲ各社から次々と白羽の矢を立てられた訳を訊いた。

０系以降、三〇年近くも新型車両の開発から遠ざかっていたＪＲ東海だが、３００系「のぞみ」の開発に際して、「０系より五〇キロもアップさせる時速二七〇キロを目標にした訳です。となると『高速化に伴って空力の問題が大きな課題になってくる。新たに最新の空力を研究しなくちゃいかん』となったようです。

それでＪＲ東海と、『のぞみ』の車両を製造する大手車両メーカーの日立製作所の両者が全国の風洞を調べてみた。すると東北大の流体科学研究所に高性能なテーラー風洞があって、『これが一番である』ことを突きとめ、やって来たようです。そのとき私が風洞のお守り役をしていたからでしょう」

この風洞は主に航空機開発の際や各種の流体研究において使われている。

一方、ＪＲ各社からさまざまな研究課題を依頼されて取り組んできた公益財団法人鉄道総合技術研究所（鉄道総研）は、旧国鉄の鉄道技術研究所（鉄研）から続く長い歴史を有している。鉄道関係の設備も揃っていて、風洞もあった。

だが通常の電車などの開発では、せいぜいが時速一〇〇キロ台のスピードなだけに、大々的な風洞実験をする必要性は少なく、あまり重要視されない。しかも、それまでの国鉄の赤字経営からくる予算不足もあって旧式であり、その当時の風洞は直径が一メートルほどの小型でしかなかった。

それでも０系を開発した頃には、敗戦によって行き場を失って鉄研に拾われた著名な戦前の元海軍航空機設計者がいて、その中に空力の専門家もいた。彼らが中心となって東京大学などの風洞設備を借り、当時は流線形として持て囃されたあの団子っ鼻の先頭形状を生み出すための実験を盛んに行ったのだった。

だがこうした空力の専門技術者はとっくにリタイアしたため、しばらくは、鉄道総研における風洞を用いた研究は施設が不十分だったことなどからも低調となっていた。

時速二七〇キロは航空機のレベル

小濱教授は、東海旅客鉄道（ＪＲ東海）から研究を依頼されたとき、過去の文献を当たってみた。すると、必要とする「基礎的でまともなデータがほとんどないような状態で、最初は、何をどうしてよいのかまったく見当がつかなかった」というのである。

「確かに０系でも風洞試験はやっていて、そのときタッチされた東大航空学科の教授だった谷一郎先生には私はかわいがられていたので、『0系の車両の開発では、風洞に縮小モデルをセットするなどして……』といった当時の話も聞きました。でも時代が時代ですから、かなり初歩的なレベルだったようです。またそうした研究がその後、必ずしも十分に継続されてはいなかったようでもありました。

だが、0系の二二〇キロといったレベルならばまだしも、『のぞみ』のように時速二七〇キロの水準とか、さらには三〇〇キロ以上も出そうとなると、もはや完全に飛行機と同じレベルの本格的な空力研究が大きな課題となってきますからね」

ちなみに谷一郎とは、戦前から航空機の最先端的研究で名を馳せていた。なかでも谷が独自に生み出した空気抵抗が極端に少ない「層流翼」は、当時の欧米先進国を見渡しても先頭に位置していたことで有名である。名機と謳われた局地戦闘機「紫電改」の主翼断面形状などに採用されて、その高速性と空戦性は米海軍の最新鋭艦上戦闘機、グラマンF6F「ヘルキャット」を凌いでいた。

初代の0系車両の開発の際にも、先の田中らは風洞試験により空気抵抗の測定などを行っていた。だがそれも小濱教授に言わせると、「やはり二一〇キロ程度の列車ならばこなせる空力研究だったようです」と指摘する。

とはいえ、300系の開発に着手した頃のJR各社や鉄道総研の技術者たちも、次のような認識は持っていた。「より高速化するためには、空力的な問題が極めて重要になってくる」

実は一九七五年、広島県と山口県との県境近くにある大野トンネルにおいて、鉄研の小沢智らの研究員が0系新幹線のスピードを上げての騒音を測定した。その時、列車がトンネルに突入すると、出口において突然、ドカーンという破裂音がし、付近の家屋の窓枠や戸がガタガタ揺れて音を立てたのである。

このためその後、0系の車両を使って研究員の瀬田らがこの現象を実測し、小沢がこの計測値を踏まえつつ数値的な解析を行った。

その後、山本淋也や梶山博司、前田達夫ほかが先駆的に走行実験や風洞試験に基づくトンネル微気圧波の測定や、数値解析などを進めた。トンネル入口の形状や先頭形状の工夫も模索した。だが、航空研究者ほどは本格的ではなかった。それも主に身内の鉄道技術者たちの手だけで行われていたようである。ちなみにやや遅れた感はあるが、一九九六年、鉄道総研は滋賀県米原に「世界的トップクラス」の大型低騒音風洞を建設し、その後の新幹線の研究開発に活用され、大きく貢献している。

最初、小濱教授がＪＲ東海の技術者たちと顔を合わせて、新幹線車両の空力研究の実情を聞いたとき、次のような印象を受けたという。

「紫電改」

「新幹線と同じ高速輸送手段である航空機の研究開発では、流体力学、構造力学、制御工学が三本の柱になっている。その中で、最も重要なファクターが空気抵抗やそれに伴う騒音、空力振動などを扱う空気流体力学です。だが０系などの車両開発においてはこうした総合的な取り組みがほとんどされてこなかった。

例えば、航空分野ではごく当たり前で、半世紀以上も前からわかっていた『境界層』という概念も、ＪＲ各社の鉄道屋さんの頭の中にはなかったようです。なにしろ、私が口にするまでは、『境界層って何ですか？』と問い返されましたからね」

やや専門的な用語の「境界層」とは何か。物体が疾走するとき、空気には粘性があるため、物体にまとわりついて空気の流れが乱れるのである。そのときの物体周辺の空気の乱れた流れ（乱流）を境界層と呼ぶのである。高速ともなると、その層の厚さは数メートルを超すことになる。それが空気抵抗や振動、騒音を生じさせるのである。ちなみに、乱れていない正常な流れは層流と呼ぶ。

空力的なことだけではない。「航空機では基本性能となる航続距離や経済性の観点から最重要視される燃費についても無頓着だった」と語る。

「あの頃からJR各社に対して、『燃費を上げなくっちゃいけませんよ!』と口酸っぱく言っていたのですが、これに対してもJRの上の人たちは、『新幹線の燃費を上げて、良くしてどうするんだ。それより儲かる方法を考えろ』といった感覚でしたね。でも飛行機ではもう何十年も前から、設計するに際して『燃費だ、燃費を向上させろ』が合言葉のようになっています。

鉄道屋さんはメカ屋さんであり、なかには土建屋さんに近い感覚の方もおられた。速度の向上を図るには、しゃにむに動力モーターのパワーを増強すればスピードが出るという力任せの感覚でした」

まだ国鉄時代の感覚が抜けていなかったのかもしれない。飛行機と鉄道列車とは違う乗り物だから、発想も異なって当然だと思い込んでいたのであろう。だが時速三〇〇キロも目指し、利益を上げようとしたとき、おのずと考慮すべき技術課題は、これまで鉄道屋が常識としていた領域を超えていたのである。また航空機では至上命題である軽量化の課題も浮かび上がってきた。

九〇パーセントが空力抵抗

「0系の最高スピードは二〇〇キロ余程度で比較的遅い。しかも飛行機に比べて列車は格段に重くて大地の線路上を走る。このために空気抵抗をさほど気にせずに開発を行ってきたようです。でも本当は二〇〇キロというと飛行機の速度領域なのです。

一般のイメージとして、飛行機はもっと高速でばかり飛んでいると思われがちだが、そうではないのです。例えば、小型機の代名詞ともいえるセスナ機の巡航速度は大体この程度の速度域なのですし、旅客機の離陸時のスピードがちょうどこのくらいですから」

と語る小濱教授は小型機のライセンスも持っていて、若い頃のアメリカ留学時代から現在まで、乗り回している。そんな小濱教授が、最初に研究を依頼されたＪＲ東海の３００系「のぞみ」は時速二七〇キロを目指そうとしていた。

「例えば、時速三〇〇キロ前後となると、走行車両の車輪とレールの間に生じる摩擦抵抗なども含めた全抵抗のおよそ九〇パーセントが空力抵抗なので、この数値はベラボーで効率が極端に悪くなる。となると、空力的にしっかりとした設計をすると性能は格段に向上することを教えています。しかも動力モーターをアップする必要もなくなる。

だから、『のぞみ』の開発では当然、飛行機と同じレベルの専門的な空力的知識が要求されたわけなんです。それも飛行機の開発のときと同じように、スタートの段階から空力を最重要課題として取り組む必要があったのです。あるいは飛行機以上の重要さをもって空力的な考慮を十分に行う手順で開発を進めるべきなのです」

それはなぜか。飛行機は離着陸のとき以外は、自由空間の大気の中を単独で飛行している。機体を取り巻く周囲は空気だけにシンプルで抵抗も少ない環境なのである。

「それに比べて列車はいつも凹凸もある線路面やトンネル、ホーム、防音壁、そのほかの構造物などと常に強い干渉をし合いながら、しかも高速で走行しているわけです。車両には上部につき出たパンタグラフや車両同士の繋ぎ目は引っ込んでいて大きな空気抵抗を受ける。さらには飛行機にはない、対向列車とのすれ違いざまの問題もある。上下線の列車がたった八〇～九〇センチほどの間隔で、しかも高速ですれ違う際に、互いが受ける衝撃的な風圧によって大きく揺れを起こす。特にそれがトンネル内ではより条件が厳しくなる。

そうした点からして鉄道車両の開発では、飛行機では存在しなかった新たな問題としての空力的な抵抗や騒音、振動などの難しい技術課題を生むに至ったのです」

でも鉄道は地上を走るため、何かトラブルが起これば墜落する危険性のある飛行機ほどは、こうした取り巻く環境条件に対する空力的な配慮が乏しく、また速度も高くなかったので、研究もないがしろにされてきた。

「専門が違うせいか、鉄道技術者は空力的な問題の重要性にあまり気づいていなかったのでしょう。だから先頭形状の設計も、こうした数多くの制約条件を考慮し、また検討しながら進めていく必要があったわけです。となると、飛行機などとは別の意味で、あるいはそれ以上に極めて難しい問題が幾つもあることがわかってきたのです」

このように、鉄道においても一連の空力的な難問の数々があることを具体的に指摘したのは小濱教授が初めてだった。だから、小濱教授にJR各社からの研究依頼が集中することになったのである。こうした鉄道技術者との認識のずれがありつつも、小濱教授は手始めに300系の空力問題などに取り組み、0系とは大きく異なる先頭形状を提案したのだった。その具体的な開発経過については後述することになる。

「その後、なぜか突然、今度はJR東日本（東日本旅客鉄道）の（元ディーゼルエンジンの技術者としても著名な）山下勇会長が東北大を訪問された際に、名指しで私の研究室に来られた。JR東海の300系の開発に協力して実験した内容などを訊かれた上で、同行していた部下の方へ『どうだ、うちも小濱さんにお世話になったら』との鶴の一声で共同研究が決まったのです」

このときJR東日本は、日本の新幹線としては未知の領域となる時速四〇〇キロ以上を目指す高速試験車両「STAR21」の試験走行を繰り返している最中だった。

ほぼ同時期、競い合うようにして西日本旅客鉄道（ＪＲ西日本）においてもまた進められていた。それもやはり、国内最高の営業運転となる「時速三五〇キロを目指す」試験車両の「ＷＩＮ３５０」の開発だった。

両試験車両とも一九九二年春に完成して、高速の試験走行を始めた。すると、懸念していたとおり、３００系の開発時に見舞われた空気抵抗や空気振動、騒音などの事象を上回る重大問題に直面していた。もはや手に負えず、走行試験の続行も難しくなってお手上げの状態となり、頭を悩ましていたのだった。それは明らかに３００系の最高時速二七〇キロを数十キロも上回るスピードを目指しているためだった。

先にも述べたように、空気抵抗や騒音などは速度増加の何乗にも比例して急激に増大するから、無理もないことでもあった。小濱教授は当時を振り返る。

「ＷＩＮ３５０の走行試験のとき、開発本部長は仲津《なかつ》英治《えいじ》さんだった。トンネル微気圧波の問題もそうですが、『屋根の上に装備しているとんでもなく大きなパンタグラフカバーが空気の流れを大きく乱して、空気抵抗も大きいし、騒音もものすごいので、どうなっているのか計測していただけないか』との依頼がきたのです」

ＪＲ各社が時速三五〇キロの営業運転とか、実験レベルとはいえ四〇〇キロ以上といった、これまでより大きく飛躍するスピードに挑戦しようとしたときだった。そのため、こうしたさまざまな未知なる空力的な問題に直面したのである。

「試験走行を進めていく中で、当然のことに速度を上げていきます。その過程で、高速運転を阻む大きな問題になるデータが出てきた。このため、ＪＲ西日本においてもやはり空力的な問題に本腰を入れて取り組む研究が必要だとなってきたのだと思いますよ。それで私のところに、相談に来られたのでしょう」

このＷＩＮ３５０は、後の一九九七年三月に営業運転を開始した人気の５００系となって結実することになる。

またJR東日本が実験のための車両と位置付けていたSTAR21の走行試験によって得られた技術も生かされることになった。この後、同社が量産に向けて「時速三六〇キロの営業運転を目指す」試験車両の「FASTECH360S」に全面的に採用されたからだ。さらには、一九九七年三月にデビューしたE2系やE4系にも結実し、続いてE5系、E6系、E7系にも継承されたのである。

これら一連の車両開発では、この後、東北大の小濱教授だけでなく、先の公的機関である文部省の宇宙科学研究所（後のJAXA）の藤井孝藏《ふじいこうぞう》研究員や他の大学にも協力を仰ぐコラボレーションも実現する。

こうした航空宇宙関係の公的機関は、航空機開発においては不可欠で、機体（車両）周りの空気の流れの状態や抵抗などを知ることができる大規模な風洞装置を有していた。加えて、これらの風洞試験に基づくデータやシミュレーションによる膨大な情報量を解析して、理想的な機体や（車両の）外形形状を作りだす最新のCFD（数値流体力学）の技術があった。そのために不可欠な世界最高レベルのスーパーコンピュータも有していたからだ。

こうした一連の航空研究者たちとJR各社および車両メーカーの技術者、研究者たちとの協力関係によって革新的な技術が次々と開発されていったと小濱教授は語った。

「走行実験の計測や分析をし、問題を解決するための風洞実験、CFD研究が進められて今日、日本の鉄道の空力的な技術研究が一段も二段も飛躍した訳です」

野鳥から謙虚に学ぶ

今日、500系は東海道および山陽新幹線における主役の座からは退いたのだが、鉄道ファンには最も人気が高くて「不動のナンバーワン」である。その先頭形状は長く鋭く尖っていて、超音速の戦闘機のようなキャノピー型の運転台となっている。

　この開発の責任者だった先のJR西日本総合企画本部技術開発室長および試験実施部長を歴任してきた鉄道技術者の仲津英治にインタビューした。

　彼は海外鉄道技術協力協会の参与も歴任していて、日本が初めて新幹線の海外輸出に成功した台湾新幹線プロジェクトに協力をしてきた。

「500系の車両開発では、小濱先生にもいろいろな形でご協力をいただき、大変お世話になりました」

と語る一方で、仲津は胸を張って言い切っていた。「500系は二十世紀の人類が送り出した鉄道車両の中で最高傑作であると私は自負しています」

　とはいえ、「時速三五〇キロに挑戦した500系の開発では、大変な空気抵抗はもちろんのことですが、一番苦しめられたのは予想をはるかに超える騒音（空力振動音）の問題でした。大きな壁にぶつかって、これ以上は試験を継続できない、となってしまいました。その解決のため、大がかりな実験装置を使って、スーパーコンピュータを駆使したシミュレーション解析を何度も何度も繰り返しました。そこで問題を解決することができる、となった車両の先頭形状が、なんと、小魚を獲るために水中へダイビングするカワセミのくちばしから頭部にかけての形状にそっくりだったのです」

　騒音問題はそれだけではなかった。「車両の屋根の上に装備されるパンタグラフが、高速化に伴って信じられないほど大きな騒音を発するのです。そのため頭を悩ましていましたが、その解決のヒントがフクロウにあったのです。フクロウには静穏飛翔という原理が自身の羽根に備わっていて、それを応用して生かした翼型のパンタグラフを考案したのです。その結果、悩みに悩んでいた騒音問題を解決することができました」

　静かな夜間に動く野ネズミなどの獲物を獲るため、フクロウには気づかれぬように極めて低騒音で獲物

「ＹＳ—11」

に近づけるよう、ほかの鳥にはない、翼の羽根の先の方に工夫がしてある。そこに小さな刺のような鋸歯状の羽毛が多数突き出ていて、飛ぶときには、そこを通る空気の流れに小さな渦が発生（ヴォルテックスジェネレーター）する。騒音は大きな渦になるほど大きくなるのだが、それを防ぐため、あえて小さな渦を発生させることで、大きな渦の発生を防ぎ、空力音（騒音）を小さくしているのである。

このフクロウが持つ「静穏飛翔」というヒントは、仲津が所属する趣味の「野鳥の会」の年配の会員である矢島誠一から教えられたのだった。

「鳥の中でフクロウが一番静かに飛ぶのですよ。それは自然が与えた知恵なんですね」

矢島は、日本の老舗の航空機メーカーである新明和工業（戦前の川西航空機）の航空機設計者であった。かつては、戦後初の国産旅客機ＹＳ—11などの設計も手掛けていた。この会社は戦前、名機と謳われた局地戦闘機「紫電改」や二式飛行艇などを生みだしていた。戦後は対潜飛行艇のＰＳ—1や救難飛行艇のＵＳ—2などを開発・生産している。

このあと仲津は、フクロウの静穏飛翔の原理をなんとかパンタグラフの騒音低減に生かせないかと思いめぐらせた。そのために、矢島の紹介で、全日空整備の技術者で、やはりＹＳ―11の設計者でもあった宮村元博に参画してもらった。騒音を抑えるパンタグラフの開発に取り組むためだった。

その過程で、先のフクロウのヴォルテックスジェネレーターの原理を生かした断面形状の翼型のパンタグラフを開発することで騒音問題の解決を図ったのである。

仲津は自著『自然に学ぶ』において記している。「野鳥だけでなく、自然界の生き物は人間も含め、生きんがために、また命を伝えんがために、その形状、機能を発達させてきています。フクロウとカワセミはその中でも私にとって貴重な情報源となりました。自然の中に答えがありうる、あるいはヒントがある」

「彗星」

「自然の知恵に学ぶことは大事です」とことさら強調する仲津は、そのことを航空技術者から教えられた。また具体的な車両開発の段階においても協力を願ったのだった。そうしたこともあって、仲津は高速化では大きく先行している航空機技術そして航空技術者に対して敬意を表している。

「矢島先生から頂いた山名正夫および中口博両先生著の『飛行機設計論』（昭和四十三年刊）の巻頭言からも、さまざまな示唆を受けましたし、また多くのことを学ばせてもらいました」と語る。

この本の著者の山名も中口もともに、戦前、海軍の航空機設計者として著名な人物である。中口はタービンロケット双発攻撃機「橘花」やロケット式局地戦闘機「秋水」などの設計を手掛けた。

また山名は艦上爆撃機「彗星」や斬新な陸上爆撃機「銀河」などの主任設計者として活躍した。そのかたわら、戦前そして戦後においても東大航空学科において教鞭を執った。

山名には、こんなエピソードがある。

一九六六年、全日空機の羽田沖墜落事故において、その事故調査団が「操縦ミス」と結論づけたときだった。

日本における航空機事故の調査ではよく見受けられることだが、とかく個人的な責任に帰結させる「人為的なミス」との結論づけは、日本的な体質そのものの表れだった。これによって、調査団の調査が及びにくい外国の機体メーカーなどの責任を曖昧にしてしまいがちになる。

これに対して、調査団の一員であった山名は納得しなかった。独自に残骸の調査などを行って「機体欠陥」説を主張して調査団と対立し、受け入れられず辞任した。航空技術者としての矜持であり、筋を通す気骨ある真摯な姿勢であって、広く技術者あるいは識者たちから尊敬を集めていた。中口もまた東大航空学科の教授である。仲津は同書から次の一節を引用する。

「工学的想像力を修練するには多くの方法があるであろう。しかし、最良の教科書であり、教師であるのは自然では無かろうか。自然には、今までの長い歴史が秘められている。(中略)鳥の飛翔、魚の遊泳、野の草の風にたなびく風情、樹の幹と枝および、葉の茂みの調和、いずれも自然の恵みによる生育の過程の表象である。一木一草、一鳥一魚、みなわれわれの輝ける永遠の教師であろう」

生物は自らが生きて命をつないでいく長い数万年の過程で、それに相応しい姿や形、機能を身に付けてきた。また進化させて適者生存を図ってきた。そこから「謙虚に学ぶ」ことを通して、５００系の開発の際の重要なヒントとなり、役立てて多くのことを教えられたというのである。

そこで仲津は鳥の構造や機能およびその飛び方と、航空機の姿かたちの両者の類似点を幾つも挙げて図解している。仲津は自然(鳥)に学ぶ姿勢に加えて、そのヒントから航空機の技術を経由して、これを積極的に鉄道の分野に取り入れた。また航空技術者の協力も得て、「鉄道車両の中で最高傑作」としての500系の車両開発を進めたのだった。

またこの際には、「騒音や空気抵抗を低減できる先頭形状を生み出すためのCFD研究においては、現JAXAの航空研究者の藤井孝藏さんの協力も得ていました」と仲津は語った。

その藤井副所長には、冒頭で紹介した微気圧波などの話に加えて、新幹線全般の先頭形状の開発についても話を訊いたのだった。それはかなり専門的で最新の航空機設計の手法を鉄道車両向けに応用した、スーパーコンピュータによるCFDのシミュレーション解析であるが、これについては後述する。

続いてJR東海が主体となって開発を進めたのが、500系の後継ともなる700系およびN700系である。このとき、N700系の流線形の先頭形状を決定するため、これもまた航空機などの外形形状を決める際に使われている最先端技術が採用されていた。

それは最新のソフト技術「遺伝的アルゴリズム」である。これも聞き慣れない言葉だが、生物の自然淘汰による進化をモデルにしてプログラムされた特殊なソフトである。N700系の先頭形状の開発責任者だった先のJR東海総合技術本部技術開発部高速技術チーム空力グループの成瀬功グループリーダーの上司で、N700系開発の全体的な指揮を執った新幹線鉄道事業本部車両部の田中守部長は記している。

「この先頭形状は、鉄道車両として初めて、航空機の主翼等の開発に用いられている最新の解析技術（遺伝的アルゴリズム）を用いて開発した、空気力学的に最適な先頭形状となっている。その形状は、飛翔する鳥の姿に似ており、精悍かつスピード感のある形状となっている」（『JREA』二〇〇五年六月号）

リニアの開発責任者は航空機設計者

N700系車両の製造を担当した日本車両製造鉄道車両本部製造第一課の田山稔課長は語っていた。

（「日経産業新聞」二〇〇八年四月二十一日付）

複雑な三次元形状をした先頭車両の製造は特殊な精密加工が必要となり、非常に微妙で難しく手間暇がかかる。このため、高価な三次元ＣＡＤ／ＣＡＭ（コンピュータによる設計製造）を新たに導入して自動化を図ることにした。これらの装置機器を使いこなすためには、独自のソフトを開発する必要があり、その際、「車両製造部門としては異例ともいえる二人の技術者を専任としてはりつけて取り組んだ」のだった。

この決断に至った経緯について田山は吐露する。ＪＲ東海が山梨県で進めていたリニアの走行実験において、共同で車両の研究を進めていた三菱重工の航空機部門の技術者に相談を持ちかけた。先頭形状の加工が難しくて悪戦苦闘している実情を話したのである。

すると助言をしてくれたのだった。

「米ボーイング（の旅客機）などは機首部分の製造過程で特殊な機械を使っていますよ」

この助言を受けて早速、先のように三次元ＣＡＤ／ＣＡＭの導入に踏み切り取り組んだのである。

「Ｎ７００系は速度向上にこだわった。それを実現するための空気抵抗の軽減や車両の軽量化には、先頭車両の形状がカギになる。空力特性を追求したところが航空機と新幹線の共通点だからこそ、技術を取り入れることが可能だった」

新世代の新幹線車両よりもはるかに速い時速五〇〇キロものスピードで走るリニア新幹線に注目してみよう。

二〇一一年に建設が決定して、実験車両および営業用車両のＬ０系で試験走行テストを繰り返してきたリニア新幹線の超電導リニアモーターカーと飛行機との関係はどうだろうか。

もし人がこの実験車両を正面あるいは斜め前から先入観抜きに見たとき、直感的にどんなイメージを抱くだろうか。そのスピード感に溢れる超ロングノーズの先頭形状からして、鉄道というよりも超音速機に近いとの印象を受けるかもしれない。なにしろ、この超流線形の先頭形状の長さは、時速五〇〇キロもの超高速に相応しいというべきか、一連の新世代新幹線の二倍近くもある前代未聞の世界一といえる二三メートルもある。

先にも触れたように、時速五〇〇キロともなると、まさしく飛行機の飛翔速度そのものである。かつて、太平洋戦争の緒戦ごろには「向かうところ敵なし」と謳われ、高性能を誇った戦闘機の零戦の最高速度である。それだけに、ベテランの航空技術者が身に付けている長年の知恵やノウハウが役立ち、生かされることになった。

実際に実用化を目前にしたリニアの先頭車両の開発を指揮した三菱重工のプロジェクトマネージャーの藤本隆史にインタビューした。彼はベテランの航空宇宙事業部門の航空機設計者だった。一九七〇年代から八〇年代にかけて三菱が独自に開発した八人乗りのビジネスジェット機ＭＵ―３００や自衛隊のＦ―２支援戦闘機、ボーイング７８７の主翼などの開発を手掛けていた。

さらには、藤本はＹＳ―11から半世紀ぶりとなる、国の威信を賭けて現在開発中の国策プロジェクト、九〇席のＭＲＪ（三菱リージョナルジェット機）旅客機のプロジェクトマネージャーでもあった。先の三菱の宮川淳一と似たコースを歩んでいた。

このため、数年前にもＭＲＪの開発の現状についてインタビューしたことがあった。

「突然、リニア車両の開発をやれと言われて、『飛行機屋のおれが、なぜ！』と驚きました。なにしろ車両の開発など一度も手掛けたことはないし、なにも知らなかったものですから」とその時、正直に語っていた。

その藤本は、リニア車両の開発過程を振り返りながら語った。

「陸上を走る鉄道車両の方が、空を飛ぶ航空機よりも、先駆けて最先端の技術を導入したりしていて、航空機より難しい面がいろいろとありましたし、実に貴重な経験でした」

藤本の言葉は、やはり先の小濱教授と同様の受け止め方だったのである。

ＪＲ東海から協力要請を受けて「この一〇年ほどリニアの共同研究に携わってきた」先のＪＡＸＡ宇宙研の藤井副所長も同様である。

飛行機とリニアの混血「エアロトレイン」

次に、超電導リニアモーターカーとは異なる新たな原理方式の「エアロトレイン」と呼ぶ、航空機と鉄道車両を合体させたような不思議なコンセプトの乗り物が登場してきた。アイディアを創出し、開発を進めてきたリーダーは先の小濱教授である。

彼はエアロトレインについて言い放つ。「空飛ぶ新幹線だ」「飛行機でも列車でも自動車でもない混血の乗り物だ」

一〇年ほど前からは政府の予算も得て、開発を進めてきた。宮崎県にあるリニアの旧実験線跡地を活用して、そこにおいて現在まで実際に走行（飛行）実験を繰り返してきたのである。

その姿かたちと原理はどうなっているのか。新幹線と似た先頭車両の両脇には抱えるように大きなプロペラが装備されている。さらにはそれとは別に、やはり両脇に張り出している（主）翼は、その中ほどで垂直に立っていて、それがガイドの役割になる。正面から見ると精悍な双発の飛行機のようにも見える。

エアロトレインが走行する両側には、固体壁面に囲まれた凹型の「ガイドウエー」を設けていて、その内側が走行する専用路となっている。そのガイドウエーには太陽電池のパネルと風力発電を設置して、自然エネルギーだけで走行できるようエネルギーを賄える方式にしようというのである。

推進力は太陽電池で得られた電力をバッテリーに充電して、それによりモーターを動かして左右のプロペラを回転させるのである。

小濱教授は強調する。「これからの日本は原発を次々に建設するといったことはとても許されないでしょう。リニアは新幹線などの三倍以上ものエネルギー（電力）を必要とします。それは原発を前提にして成り立っているともいえる技術でありシステムです。私はかねてから、省エネルギー、自然エネルギーの重要性や必要性を強調してきました。このエアロトレインはまさしくその答えの一つで、圧倒的に少ないエネルギーで走行が可能です」

エアロトレインの車体を浮かせる力は、翼による揚力に基づく「地面効果」によって得られる。聞き慣れない「地面効果」とは何か。それは原理としては飛行機の翼によって得られる揚力（上向きの力）と同じである。

飛行機が飛ぶ（浮く）原理は、翼の断面がへの字型になっていて、その上面の円弧の長さが下面のそれより長いために、翼の上を流れる空気の速度はおのずと下側より速くなる。となると、流速が速くなるほど翼の上側の圧力が低くなるために、円弧の長さが短い下側は相対的に高い圧力となるので、おのずと翼を押し上げる揚力が発生するというわけだ。

この原理を、飛行機のように高く空中ではなく、翼をもった物体を地面上すれすれの高さで飛ばすとどうなるか。地面と翼との間に挟み込まれた下側の空気の圧力が高くなるので、おのずと上向きの押し上げる力（揚力）が得られる、そのことを地面効果というのである。

エアロトレインは車両（機体）を地上から一〇センチほど浮かして非接触で走行する。浮上させる原理は異なるが、イメージとしては、地面（レール）から同じ一〇センチ浮いて走行する超電導リニアモーターカーとそっくりである。

長さ八・五メートル、幅三・三メートル、高さ一・七メートルの二号機の実験では、時速一五〇キロでの無人走行を実証した。二〇〇五年にはNPO法人を立ち上げたが、次なるステージは「六人乗りで時速三五〇キロの達成だ」と小濱教授は語る。だがそのためには「五年の歳月と三〇億円の資金が必要だ」そうだ。

もともとのエアロトレインの着眼は「自然および飛行機から得た」と小濱は語る。一回の食事だけで四〇〇キロも飛べるアホウドリの長距離飛行の秘密に着目したからだ。アホウドリが「地面効果」を利用して省エネ飛行をしていたのである。先の仲津と同様に、自然の鳥からヒントを得ていたのだった。

もっと具体的なイメージとしては、「水面効果」を利用して水上をすれすれに飛行（走行）する水上高速艇だったという。周りからは「奇想天外」とか「荒唐無稽」「実現性は無理だ」とも言われてきた。だが当人はちっとも意に介さない。飛行機少年のような好奇心に溢れていて、先を見据えつつ豪語する。「二〇二〇年には、三五〇人乗りで時速五〇〇キロ走行の有人機体（列車）の完成を目指している。それもリニアの九分の一のエネルギーで走らせる」

一般の人々は、十九世紀に登場した機械技術の象徴のような鉄道は、その基本技術においては、もはや劇的な革新や飛躍が望めないと思い込んでいるかもしれない。だが、かつてリニアもそう思われていた。「重い車両を宙に浮かして走るなんて」と。ところが四、五〇年を経た今日、実現することになったのである。われわれの既成概念や先入観を超えて、鉄道の世界の現実のほうが先に進んでいるといえるかもしれない。

かつて筆者は、日本のジェットエンジン生産の七割近くを占める石川島播磨重工（現ＩＨＩ）航空宇宙事業本部で、ジェットエンジンの設計者として二十数年を送った。

この時、隣の設計課では、一九六〇年代後半から、「旧国鉄のローカル線のスピードアップのために」

として、鉄道技術研究所（現鉄道総合技術研究所）と共同で航空機用ジェットエンジン（ガスタービンとも呼ぶ）のＩＭ１００―２Ｒを搭載した電車を開発した。

この当時、米国やフランス国鉄のＴＧＶなどでも、ジェットエンジンを搭載した列車の走行実験を盛んに行っていた。日本もまた高速での実験走行を繰り返し、さまざまなデータ収集もした。だが石油ショック後の石油価格の高騰や、騒音問題などもあって、中止となってしまった。

そんな開発を数年にわたり横目で見、また担当者からはその都度、苦労話も聞かされていたので、筆者の頭の中では、鉄道と飛行機の間に垣根はないし、別物といった先入観ももっていないのである。

藤井副所長や小濱教授の言葉を借りるまでもなく、新幹線も含めて両者の中身に着目すれば、使われている個々の技術やベースとなった理論、さらには実験装置などいろんな面で共通性がある。それらが具体的な形となりシステムとして表れてきたのが、鉄道の超高速化に伴って一九九〇年代に登場してきた新世代の新幹線車両なのである。そこにおいては、鉄道車両と航空機の両技術は急接近を果たし、また融合することで、大きく飛躍した姿を見出すことになったのである。

長い鼻には必然性が

成瀬、藤井両氏が述べているように、日本ほどみごとなまでの超流線形をしたさまざまな種類の顔をもつ鉄道車両を、次々と生み出してきた国はほかに見当たらない。

このため、デザイン先進国であるヨーロッパ諸国のインダストリアルデザイナーたちの間では、やや皮肉交じりに、こんなことが言われているそうだ。

「新しい鉄道車両の先頭形状をデザインしたければ、日本に行け。手っ取り早く、いろんな種類の顔を見ることができる。なにしろ百花繚乱だからね」

でも不思議に思えることがある。どんな乗り物でも、鋭く尖った流線形部分の長さの程度は、概ねそのスピードに比例している。伊達に長くしているわけではない。

近年の一連の新幹線は、最高速度がほぼ三〇〇キロ前後で、それは音速のマッハ〇・二五ほどにすぎない。先にも触れたが、それにもかかわらず、例えば500系などの流線形部分の鼻の長さはといえば、最高時速がマッハ〇・八六ほどで飛ぶ旅客機よりも長くて鋭いのだ。それはむしろ、マッハ二で飛ぶ世界で唯一の超音速旅客機（SST）「コンコルド」に近い。

あるいは、マッハ一・五とか二以上で飛ぶ戦闘機といった、超音速の世界のスピード感溢れる流線形とほぼ同じ先頭形状なのである。マッハ〇・二五とマッハ二・〇では、その空気抵抗は桁違いであるにもかかわらず、なぜそうなっているのか。

雑誌や新聞などでよく見かけるのだが、歴代の新幹線車両が車両基地に一堂に並んでいて、斜め前方から写した写真がある。それらは羽田や成田空港の出発ゲートに駐機して居並ぶ各種の旅客機よりもスピード感に溢れていて精悍である。もしこれら新幹線車両のすべてを迷彩色に塗り変えたならば、アメリカの空軍基地に居並ぶ超音速の戦闘機群ではないかと錯覚を起こすかもしれない。

しかし、鉄道技術者たちが限りなく飛行機に憧れるというのは不思議かもしれない。なぜなら最大のライバルであり、商売敵なのだから。新幹線は乗車する距離が長くなるほど、旅客機にはその所要時間ではかなわず、不利になり〝四時間の壁〟といわれてきた。特にビジネス客の場合は決定的である。

でも面子はかなぐり捨て、プラスにはたらくことならば、たとえライバルの技術であろうが徹底して取り入れて対抗しようとの戦略だ。そうしたたゆみない努力によって新幹線のより一層のスピード化が図られ、旅客機に勝る利便性の良さから、航空旅客を奪いつつあるのも事実である。

鉄道が飛行機を真似ようとした例と似て、自動車もまた同様だった。歴史を振り返れば、奇抜で、珍奇な発想や思い込みの数々からくる、吹き出したくなるようなアイディアの自動車のスタイリングが考案されている。

例えば、百年も前の一九一一年六月号の科学雑誌の『ポピュラー・メカニクス』を開くと、高速性の象徴である流線形に憧れたさまざま（奇妙）な自動車が紹介されている。

「気球と飛行機を追う自動車」を目指して、高速走行を可能にしようと、「空気抵抗を減少させるためのデザイン」は、魚の「鮭」とか、「いわゆる潜水艦型と呼ばれる形状をしている」。

このあとに続く号でも次々と登場してくる。

「驚くべき卵形（エッグ・シェイプ）の車体」とか、「最新の空気力学理論にしたがってデザインされた（中略）魚雷型（トルペード・シェイプド）に成形された車体が採用され」、時速八〇マイル（一二九キロ）で走行したとする記事もある。これらはいずれも「未来の自動車」と位置付けられていて、この後の高速化を見据えての挑戦とみなされていた。

ともあれ、旅客機と比べて鉄道の有利な点は、駅（空港）へのアクセス時間が短く、その本数（便数）も多く手軽に利用できる利便性にある。また心理面でも、空を飛ぶ場合は、なにかあって落ちれば死ぬ確率はきわめて高い。でも「地上を走る分には命までは大丈夫そうだ」と思われていることだろう。

アルミ合金のダブルスキン構造

鉄道が航空機の技術を取り入れようとする志向性は近年になるほどより強まっている。でもそれは、すでに紹介した先頭形状の開発時の空気抵抗や騒音を解決するためのＣＦＤや「遺伝的アルゴリズム」の採用、トンネル微気圧波対策、風洞試験などだけではなかった。

高速化に不可欠となる車両の軽量化においても航空機の技術が取り入れられ、ことに一九九〇年代に入って登場した新世代の新幹線では目立っていた。

振り返ると、一九六〇年代に登場した0系車両は、実績に基づく安全性を最優先させて、従来の重い鋼製だったのである。その後の幾つかの試験車両ではアルミ合金で製作されていた。量産車両に採用された例は一九八二年から営業運転を開始した東北・上越新幹線の200系が初めてだった。

だがその構造に着目すると、アルミ合金を採用したとはいえ、0系を大幅に変えるというものではなかった。アルミは比重も強度も鉄の約三分の一で、剛性の点で劣る分、板厚を増さなければならない面もあった。

でも一九九〇年代に入り、より高速化を目指そうとしたとき、JR各社はそれぞれ特徴のあるアルミ合金の車両開発に本格的に乗り出した。300系ではアルミシングルスキン構造と呼ぶ押出型材連続溶接構造を採用した。

続いて試験車両の「STAR21」にはまさしく航空機の素材である超ジュラルミンを採用して、これまた航空機の機体に使われるリベットで結合する方式とした。このとき使ったリベットは四千本にもなっていた。

さらに500系では、剛性が強くて対振動や高周波の防音にも有効性を発揮するアルミハニカム（断面が蜂の巣形状）板を採用した。これもまた古くから航空機の機体に採用されていた。

だがこの両方式とも製造には手間とコストがかかるため、続く700系、800系、E2系などでは、さらに進化させたアルミダブルスキン構造が採用された。

これはアルミ中空押出型材連続溶接構造と呼ばれて、補強材を二枚のアルミ板で挟んだような二重核構造をしている。先の二例ほど手間がかからないため、現在の新幹線車両の主流となっており、鉄道業界ではこの車両を第四世代のアルミ合金構体構造とも呼んでいる。

このように進化した背景には、押出成形性や溶接性に優れたアルミ合金の開発、さらには、溶接部がもろくなりがちだったアルミ合金の溶接性を向上させる基礎研究がかなり進んだことによる。さらには、摩擦攪拌接合という新しい接合法が開発されたからである。

これら一連の技術発展を、世界レベルで見れば、一九九一年に営業運転を開始したドイツのＩＣＥや、その二年後にイタリアで登場した高速振子電車のＥＴＲ４６０車両製造において、先駆ける形でアルミ合金車両が採用されていた。

これらの車両開発においては、溶接性を高めたアルミ合金の基礎研究を先駆的に進めていたのは、航空機部門と車両部門の両方を併せ持つ名門の航空機メーカーだった。彼らはこうした構造材の溶接が当たり前の航空機の機体やエンジンの生産を、長年にわたり行ってきていた。

それは名機の数々を生み出し、第二次大戦末期に、ドイツで最初の本格的な軍用の双発ジェット機Ｍｅ２６２を開発した名門の独メッサー・シュミット・ベルコウ・ブローム社（ＭＢＢ）であり、伊フィアット社である。明らかに航空機技術の鉄道への移転あるいは両部門の協力関係でもって開発が進められた先駆的な取り組みがあったのである。

日本でも同様な例を挙げられる。三菱重工と川崎重工である。先に紹介したように、前者は最先端の航空技術を、自社の車両部門においてリニア車両に生かしている。

次に紹介する川崎重工では、同業他社に先駆けて炭素繊維強化プラスチック（ＣＦＲＰ）を先頭車両に採用している。このＣＦＲＰは近年、航空機の最先端材料として注目され採用が急増している。よく知られた例として、ボーイングの最新の旅客機Ｂ７８７において、機体全体の五〇パーセントも占めていることが大きな話題となった。この軽量化による効果もあって、二〇パーセントもの燃費向上に大きく貢献して差別化を図り、新世代の航空機として記録的な大量受注を獲得している。日本は航空用のＣＦＲＰの生ことがある。

産の七割を占めていて、そのなかでも東レが断トツである。その東レの担当技術者にもインタビューした

最先端の航空機材料CFRPを採用

二〇〇〇年代に入ると、旅客機の胴体や翼の強度メンバーにも本格的に採用されるようになった飛びっきり高価な最先端材料といえるCFRPが、鉄道車両にも取り入れられるようになってきた。その先陣を切ったのは前述の川崎重工だった。

CFRPは〝軽くて強い夢の素材〟などと宣伝され、ハイテクの象徴と見られている。鉄の一〇倍もの強度だが、その重さは四分の一でしかない。従来、航空機に使われてきたアルミ合金（ジュラルミン）と比べても、それぞれが三倍と三分の二である。

だが問題は、技術的な難しさもさることながら、その価格だった。アルミ合金の一〇～二〇倍ともいわれるほど高価である。そのため、「一機の値段が数百億円の旅客機ならばまだしも、鉄道車両に採用するのはとても無理だ」といわれてきた。それが旅客機への大々的な採用と時を同じくして、鉄道にも取り入れられることになった。

旅客機の場合、長く二〇年、三〇年も使うので、その軽量化に伴う燃費の良さや性能アップが大きく貢献するので、十分採算が取れる。しかも一体成型で部品の点数が少なくなり、錆びないし整備の時間も短縮されるというわけだ。

限りなく軽量化を追い求める航空機と同じ道を、新幹線もまた突き進んでいる。でもCFRPの製造（成形および加工）には繊細で高度な技術を要する。航空機の場合、炭素繊維で織った極薄の布を数十枚も重ね、エポキシ材を含浸させて大型のオーブン（窯）で焼き固める。そのため、内部欠陥のない均質な

組織を作りだすことが難しい。だから信頼性が十分に得られないとして、つい最近まで航空機においても、強い力がかかる個所の強度メンバーには使われてこなかったほどだ。二〇年、三〇年後に、経年変化によって強度が低下した場合には命取りになるからだ。

幸いにも日本は航空機用、民生品のCFRPの技術はともに世界一である。最近になってほぼ似たCFRPが自動車にも使われるようになってきた。だがいまのところ、高級車のほんの一部の高強度部品に限られている。東レなどCFRPメーカーは、潜在需要が極めて大きいその割合を増やそうと研究開発投資を強力に進めている。

一九九九年、大手鉄道車両メーカーの川崎重工は他社に先駆け、JR東日本と共同で新幹線E4系の複雑な先頭車両をCFRPで作り上げたのである。

川崎重工は国内第二位の航空機メーカーである。最近では、次期対潜哨戒機のP―1やC―2輸送機、T―4亜音速練習機などを開発・生産している。戦前には、B―29を迎え撃った水冷エンジン搭載の双発戦闘機「屠龍」や「飛燕」戦闘機などを開発・生産したメーカーとしてよく知られている。そして先のB787では、ボーイングと（下請け的）共同開発して、胴体や主翼の一部を担当している。そこで修得したCFRPの技術や設備を応用して、E4系の先頭車両を製作したのである。

同社の服部晃車両カンパニーバイスプレジデントは語っている。「車両の軽量化ですね。新しい材料としてCFRPがあります。（中略）E4系（マックス）の先頭部のちょうど三次元曲線の車体を、従来のアルミに変えてCFRP（一体成型）で作ると、三次元曲線が非常にきれいに出て、さらに、二〇〇キロ、三〇〇キロ単位で軽量化でき、しかも、鳥衝突に対しても、通常のアルミよりも強いという利点もあるわけですね。それをやったんですけれども、当時CFRPは高かったのです。それで、その後はなかなか使われませんでした」

だが取り巻く状況が変わってきた。「最近では、私ども岐阜工場で航空機を作っていますけれども、ボーイングの最新鋭機の787というのが、いわゆるジュラルミンの胴体から全部CFRPでぐるぐる巻きにし、窓のところもレーザー（加工機）で切り抜いて作って、軽量化して、それで長距離輸送をさらに可能にしています」

このように、川崎重工は、「JR東日本殿より先頭構体をFRP（ガラス繊維強化プラスティック）化する御提案があり、一九九五年（平成七年）より当社車両事業部、航空宇宙事業部、明石技術研究所が共同開発として」（「CFRP製新幹線電車先頭構体の開発」）、とあるように、まさしく鉄道部門と航空部門が協力して製造したのである。

二〇一一年秋に就航した787は八〇〇機以上もの受注を抱えているので、数年後には月産一〇機さらには一四機体制に増やそうとしている。こうした状況となってCFRPのコストが量産効果によってかなり下がってきたのである。

「どんどん使われると、CFRPも安くなって、それを例えば車体にもっと使えないかという発想になります。そういう新しい材料をどういうふうに使っていくかというのを、将来に対する一つの課題かなと思って、その可能性を検討しているというところです」（『JREA』六〇周年記念座談会「さらなる鉄道の発展を目指して」）

二十数枚の鋼板あるいはアルミ合金板を複雑に曲げる「従来から行われている（手打ちおよび機械でのハンマーなどによる）たたき出しで成形した金属製外板を井桁状の金属フレームに溶接した構造で構成することは、製造コストが大幅に上昇するだけでなく、平滑度が高くて美しい先頭形状とすることが次第に困難となりつつある」（「CFRP製新幹線電車先頭構体の開発」）からだ。

アルミ合金での製造では、溶接の後、グラインダーで凸凹を削り、さらには表面を滑らかに磨いていく作業にも時間がかかっている。その点、ＣＦＲＰの製造工程は一度、実物大の型を作れば、それにＣＦＲＰの薄い布状の炭素繊維プリプレグを当てて積層していく一体成形が可能である。その分、複雑な曲面を自由にまた滑らかに形作れるし、デザイン的なメリットも大きいのだ。

加えて、高価だった航空用材料のＣＦＲＰに替わって、車両用の「極めて低コストなＣＦ／エポキシプリプレグを開発した」。さらには、「大型一体成形の採用により、部品点数を最小限にし、組み立てコストをミニマムにした」ことで、手間もかからない分、「アルミ構体車よりコストダウンできることが分かった」（前掲書）というのである。

このように、近年登場してきた新世代の新幹線には、最先端の航空機技術がさまざまな個所に使われるようになってきた。

異分野の技術との融合

かつて、ＪＲ東海の役員として活躍し、車両開発を担ってきた副島廣海《そえじまひろうみ》から要請を受けたことがあった。「新幹線三〇周年の記念の冊子を発刊するため、〝新幹線の生みの親〟の島秀雄《しまひでお》元国鉄技師長へインタビューをお願いしたい」

副島とその部下の広報部員ら五人とともに島を訪ねた。ちょうどこの頃、新幹線の前身とも言える戦前に計画された「広軌新幹線」の通称「弾丸列車」（拙著『弾丸列車―幻の東京発北京行き超特急』）について島にインタビューを重ねていた時期だったからだ。その副島はこう記している。

「鉄道の世界はこれまで経験工学の世界などといって鉄道独自の技術に支えられてきた面が大きい。（中略）経験が大切なことには変わりない。怖いのは、経験工学の名の下に、自分の分野だけに閉鎖的になり、技術の進歩を阻害することである。

これだけ技術の進展が早くなると、鉄道界の技術だけでは対応出来ない。或いは他の分野の技術を導入した方がずっと効率的であるところも少なくない」

そして近年に至っては「設計や製造の過程など幅広い分野で他分野の技術を積極的に導入したり交流したりする動きが芽生えてきている。他業界と各分野で技術の融合・共有を図ることが、今まで以上に求められている」(『JREA』二〇〇七年四月号)

となるとこれら新型車両は、これまで鉄道が培ってきた技術の流れとは異種の航空機技術などを合体させた姿かたちの構造物となっている。その結果、複雑な三次元曲線を形づくることも可能になった。

ではなぜ、次々とこうした航空機技術を取り入れてきたのか。それについては、後の章で登場する新世代の各新型車両の項で詳述するが、たしかに高速化に伴い、急増する空気抵抗を減らす目的もある。また省エネのためにも、軽量化が至上命題の航空機材料を車両に取り入れる必要がでてきたこともある。だが最大の理由は対環境問題にあった。

小濱教授は指摘する。「列車の速度向上に伴ってより大きくなる空気抵抗に伴う騒音は、一般的にいって速度の六乗に比例します。だから数十キロのスピードアップだったとしても、とてつもない増加になります。それは車両本体だけでなく、パンタグラフなどにおいてもとんでもない騒音を発生させることになったのです」

日本の騒音規制は世界一厳しい。鉄道車両がトンネルに突入するときに空気が圧縮されて起こす振動によるパルス状の圧力波によって、出口で起こる大砲を撃ったときのような猛烈な破裂音の通称〝トンネルドン〟をできる限り低く抑える必要がある。

先にも触れたように、鉄道の業界では「トンネル微気圧波」と呼んでいる。しかし、小濱教授に言わせれば、「微気圧波」という表現は、学術的で国際的にも通用する用語とはいい難いと指摘する。この日本の新幹線において顕著に起こったこの現象を、小濱教授が専門とする航空工学的な観点から表現をすると、むしろ「トンネルソニックブーム」と呼んだ方がよいのではないかと語る。

〝世紀の大失敗〟コンコルド

いまから三十数年前、仏・英の両国が開発した超音速旅客機「コンコルド」は、その超鋭角的な先頭形状（ノーズスラント）から〝怪鳥〟と呼ばれた。ところが亜音速の飛行試験を終えて、超音速の試験に移ったときのことだった。トンネルドンと同じ現象ながら、それをはるかに上回るソニックブームによる爆発音を響かせた。

地上のかなり広い範囲の住民たちが驚いて、いっせいに家から飛び出して辺りを見回し、叫んでいた。

「雷が落ちたのか」「何かが爆発したのか」

大音響は雷か、その揺れ方では地震を思わせるほどで、住宅の玄関の扉や窓がガタガタ揺れ、ガラスが割れたりもした。それればかりか、頻繁に試験飛行を繰り返すうち、飛行コースの下にあった牧場の牛や馬、農家の鶏に異変が起こった。ソニックブームに恐れおののいて、子や卵を産まなくなったり、乳が出なくなったりしたのである。

もちろん、牧場主や農家、一般住民からは「死活問題だ」と激しい抗議と反対運動が巻き起こった。飛行差し止めの訴訟にまで発展して、メーカーは損害賠償も突きつけられる始末だった。

結局、就航時の飛行条件は、陸の上を飛行する際には普通の旅客機と同じように、マッハ一以下の亜音速にスピードを落とし、海上に出てから超音速に移行する変更を余儀なくされた。となると、やや回り道にもなる海上を飛行するコースを選択して、海岸に近い空港に着陸することになった。

それではスピードを売り物とする超音速旅客機のメリットが最大限に発揮できず、事前の発注の多くは

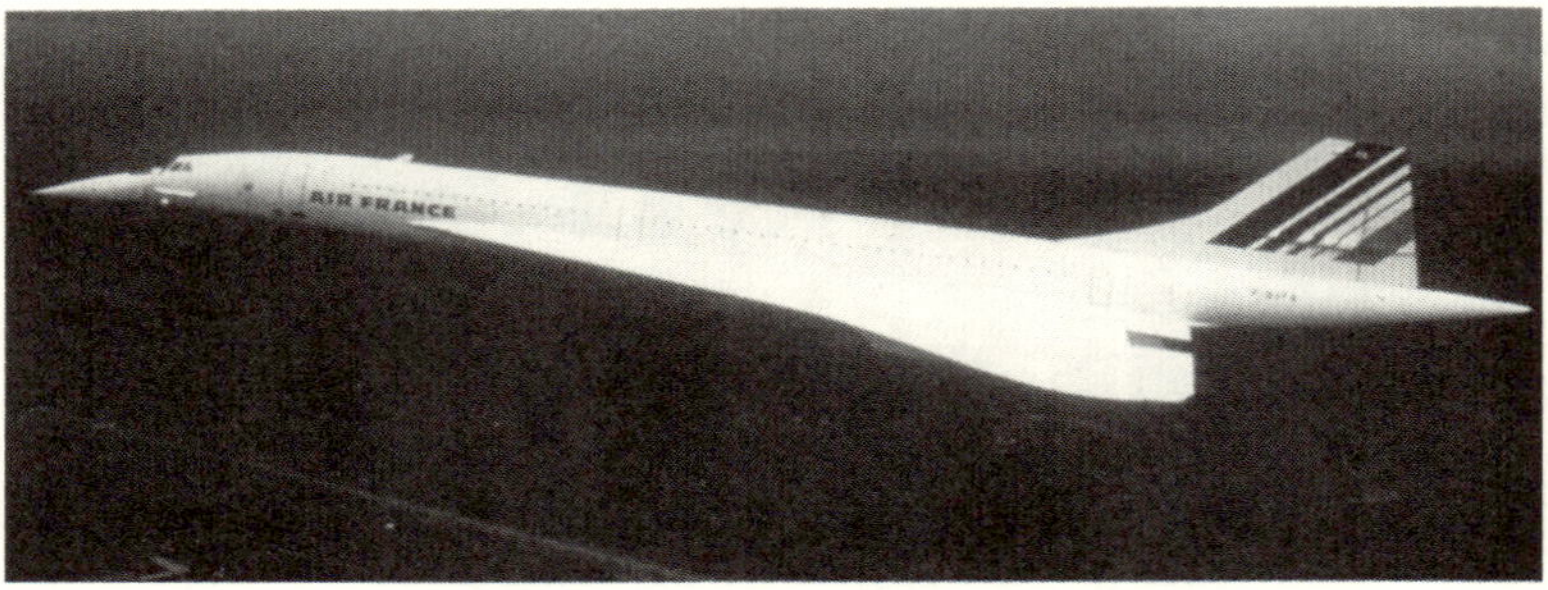

「コンコルド」

キャンセルとなった。開発当時国の仏・英の両航空会社が国のメンツを担って合計一六機を購入しただけで、巨額の開発費は回収できず、〝世紀の大失敗〟に終わってしまったのである。このため、一〇年余ほど前にリタイアした後も、いまだに新たな超音速旅客機の実現はめどが立っていないばかりか、開発熱も盛り上がってこない。

この衝撃波のもの凄さは、二〇一三年二月十五日、ロシアのウラル地方に直径約一七メートルの小惑星（隕石）が落ちた際に、大きな被害が発生したことで証明されていた。音速の数十倍ものスピードで大気圏に突入して、数十キロ上空で爆発が起きた。その時に生じた衝撃波によって約五千軒の家屋の窓ガラスが割れ、戸が吹っ飛んだりして、約一五〇〇人もの負傷者を出していたからだ。

コンコルドが陸地では亜音速に落とさざるを得なかったことを、新世代の新幹線のトンネルドンの発生に当てはめ、もしこの問題が解決できていなかった場合にはどうなっていたか。たぶん、スピードは0系よりも二、三〇キロアップ程度の、せいぜいが二五〇キロ止まりで制限せざるを得なかったであろう。となると、利便性を増して便数も増やしてきた旅客機との競争においても不利に働いていたと予想される。

第二章　〝新幹線をつくった男〟の技術哲学

〝戦犯技術者〟の採用

0系車両の開発責任者である先の星晃《ほしあきら》にインタビューした際、こうも語っていた。

「国鉄には二六年半ほど勤めましたが、二〇年ほどはずっと旅客車の設計を手掛けてきました。そんな中で最も有難いと感謝しているのは、島《しま》（秀雄《ひでお》）さんという大変立派な大先輩から直々に教わり、指導を受けることができたことです。その島さんからは、『ぼくが一と言えば十を知った男』と言われたりして、重要な仕事を任せてもらいました」とやや自慢気に話していた。

今日、〝新幹線をつくった男〟と呼ばれる島はあまりにも有名である。大正十四（一九二五）年、東京帝大工学部機械工学科を卒業して鉄道省に入省した。その頃、〝蒸気機関車ＳＬの全盛時代〟だったが、島は蒸気機関車の設計技術者として、十数種類もの車両設計を手掛けていた。その中で、傑作と謳われて日本を代表するＤ51など六種類のＳＬを、設計主任として担当した。

戦後は、国鉄の技師長時代に、圧倒的に反対が多かった広軌の別線（新線）を建設し、電車による各車両ごとにモーターを装備する動力分散方式のコンセプトを打ち出して新幹線システムとする自らの信念を実現させ、文字どおり〝新幹線の生みの親〟とも呼ばれることになった。世界に誇る新幹線プロジェクトを実現させた最大の功労者である。

星はインタビューの際に言い切っていた。「0系の先頭形状のデザインは島さんと二人で決めたようなものです。そして鉄道車両に航空機の技術を持ち込むことを決めたのは島さんが最初なんですね」

それは太平洋戦争の敗戦の翌年のことだった。航空技術者と鉄道技術者とを集めて研究会をスタートさせたが、これは当時、国鉄の工作局動力課長の島が提唱していたからだった。でも欧米先進国ではもっと早い時期に両技術の交流や、鉄道が航空機の技術を取り入れることが行われていた。ではなぜ、日本では後れたのか。

欧米先進国において航空技術が目覚ましい発展を遂げて、軍部や民間航空の世界において大きな地位を占めるようになってくるのは一九二〇年代終わりごろからである。

第一次大戦下での各国の兵器開発競争に伴う科学技術の波及効果もあって、このあとさまざまな分野での発展が目覚ましく、「科学技術時代の到来」と持て囃された。その中でも急進歩を遂げていた航空機はことさら注目された。それも文明の進歩の象徴として、未来志向の夢を掻き立てていたのである。

この動きに後れまいと、鉄道や自動車だけでなく、さまざまな分野においても、〝先進的〟とか〝未来的〟とする航空機の流線形の外観スタイルや技術を取り入れようとしたのだった。

ところがこの時代、日本は欧米先進国に比べて航空機技術が後れていた。工業の規模も小さく、技術者の数も少なかった。一方、広く機械工学の世界を見渡せば、日本では鉄道の方がその規模も大きくて歴史もあって、上級の技術者の数も多かった。

このため日本の中での鉄道省の存在は大きく、営業面でもまた、毎年、巨額の利益を上げて、その黒字分を政府に納めていた。このため大いに国の財政に貢献していて発言力、政治力もあった。

日本の航空機生産はといえばほとんど軍用機だった。しかも軽量化をモットーとする特殊な技術分野で、軍事機密を徹底する方針も加わって、他分野への技術の流出や交流を極端に嫌い、閉鎖的でもあった。だから鉄道など一般産業への技術の波及はごく限られていた。また、産業としても航空機は新参者でしかなかった。

ところが航空機において急伸が目覚ましいドイツでは、一例を挙げれば、一九三一年六月二十一日、旅客機のような流線形をした「シーネツェッペリン」が一〇キロ以上の距離にわたり、最高時速二三〇キロを出して、世界の鉄道界を驚かせていた。

この「内燃動列車」には、航空用のレシプロエンジンとプロペラを装備した特異な方式だった。もともとは航空機や気球などを専門とする有名メーカーのツェッペリン社だけに、得意とするこれらの技術をもろに鉄道車両に適用していた。おまけに動力は、ＢＭＷ社製の航空用エンジン二台を搭載していた。

やがて一九三〇年代半ばともなると、それまで最高時速でも一五〇キロ前後だった欧州各国の鉄道が、競い合うようにして高速化に向けての走行試験を盛んに繰り広げるようになった。

鉄道も最高時速二〇〇キロあたりを狙うとなると、空気抵抗がかなり大きくなり、流線形の先頭形状も採用する必要が出てくる。となると、時速数百キロで飛行する航空機の技術に接近して、これらをおのずと取り入れる必要が出てきたのである。また欧米では日本と違って、民間機の生産も盛んだったから、鉄道との技術交流もかなり容易だった。

航空機開発では不可欠な機体の縮小模型で風洞試験をし、模型表面の空気の流れを解明するこうした航空機ならではの手法を鉄道車両に積極的に取り入れたりしていた。

ところが、レール幅が狭い狭軌（一〇六七ミリ）の日本の鉄道は、欧米の標準軌（一四三五ミリ、日本では広軌ともいう）や広軌（一五二四ミリ）の鉄道と違って速度が出せない。戦前の時代では、せいぜいが特急「つばめ」の時速九五キロが限界である。この程度の速度では空気抵抗はほとんど問題にならない。

だから、航空の技術や流線形の機体形状を鉄道車両の先頭形状に取り入れる必要性もメリットもなかった。また両者の接近や交流もほとんどなかったのである。

両者が交流しなかった要因はそれだけではなかった。飛行機屋は「航空機の技術は最先端を走っている」との自負から鉄道を見下していた。

これに対して鉄道屋は、「長い伝統と蓄積があって、安全第一の鉄道には、性能最優先で信頼性が低く、トラブルが当たり前のような軍用機の技術は危なくて使えない」と否定的で、自らの世界に安住していた。確かにこの頃の軍用機は鉄道屋の指摘のとおりであり、生産していたのはほとんどが軍用機だったからだ。

このため、鉄道省の車両技術に対して、航空機の技術が積極的に影響を及ぼして浸透したといったことはほとんど聞かれないのである。

でも戦後になり、一九六四年に開業した0系の新幹線車両の開発においては、「零戦の技術が活かされた」といった話題性もあって、航空技術者が大きく貢献したことは、今日では広く知られるようになっている。

太平洋戦争の敗戦直後、ＧＨＱ（連合国軍総司令部）から「航空の研究・生産の一切の禁止」が命令された。このため戦時中、陸海軍で軍用機の研究・開発・生産に従事していた優秀な技術者たちが行き場を失って路頭に迷った。彼らは戦前、称賛されてヒーロー扱いされていたが、戦後はその見方が一八〇度変わった。「人を殺す兵器を開発していた軍事技術者」ということで、周囲の視線は冷たく、「戦犯」扱いされる風潮があった。

そんな逆風下において手を差し伸べる人物がいた。

このとき鉄道技術研究所（鉄研）に入り、後に新幹線車両に振動問題で活躍した松平《まつだいら》精《ただし》は語っている。

「戦後大ぜい入られた方が正式に全部採用になったのですが、一堂に集まったとき数百人はいましたね。

とてもすごい人数でびっくりしたんですよ。そのときの池田山からの話で、当時の運輸次官の平山（孝）さんが『陸海軍の連中の技術を、日本としては温存する必要があるから、ぜひ、国鉄でまず採用しなさい』という勧めであったので、ドンドン採っているんだということでしたね」（『源流を求めて』）

受け入れを要請された受け入れる側の鉄研所長である中原寿一郎は英断を下していた。何しろ、敗戦の前年である一九四四年には三八五人でしかなかった鉄研の職員数が、その三年後には四倍の一五五七人にも膨らんでいたのである。結局、数百人規模の航空技術者を受け入れたのだった。

「日本は戦争に敗れたが、これを復興するには科学技術を置いてほかにはない。科学技術をもって人類に貢献し、世界の人々が日本を抹殺しまわないでよかったと思うような日本に立ち直ろうではないか。日本は今航空の研究や生産は禁じられているが、いつか必ず再開される日が来る。その日のために、この人たちを大切に育ててほしい」

四半世紀ほど前、このとき鉄研に採用された一人で、元海軍航空技術廠の技術者だった近藤俊雄ほかにインタビューしたことがある。その際、「所員を集めての席で、中原所長からこの励ましの言葉を聞いたときは胸が熱くなりました」と語っていた。

島秀雄が提唱した研究会

これらの技術者を代表する形で、次の三人が0系車両の開発に大きく貢献したとして取り上げられることが多い。「乗り心地と安全（特に台車の振動問題）」については松平精、「車両」は三木《みき》忠直《ただなお》、「信号保安」は信号研究室長の河辺《かわなべ》一《はじめ》である。

松平は「東海道新幹線に関する研究開発の回顧」（『機械学会誌』第七五巻第六四六号）において以下のように記している。「筆者は終戦後、鉄道技術研究所で車両の振動問題の研究に従事し、この分野で新幹線の研究開発に始めから終わりまでたずさわってきた。（中略）海軍航空技術廠で専従していた飛行機の振動に関する研究を鉄道車両の振動研究に引継ぐことになった」

松平は海軍時代に、試作段階の零戦が飛行試験を行っていたとき、フラッターと呼ばれる（自励）振動（共振）を起こしたために空中分解し、テストパイロットが墜落死したことがあった。このトラブルの原因究明を松平は命じられ、欧米でも解明されていなかった難解な解析理論を生みだして問題を解決したことで知られていた。

そうした松平ら戦前の航空技術者らに対して、航空で培った経験と能力を鉄道の研究に思う存分活かすことを求めたのが島だったのである。松平は当時のことを振り返っている。

「当時の車両の振動は、現在の車両とくらべると数倍の大きさであって、特に（車体重量が軽い）電車の振動はすこぶる大きく、その乗りごこちはきわめて悪いものであった。したがってこのような電車を長距離列車にすることは思いもよらぬことであった。ところが当時工作局動力課長であった島秀雄氏は、その頃から電車列車論者で、その持論を実現するためには、電車の振動を徹底的に改善する必要があるとし、その要望を筆者に依頼されたのである」

まだまだ敗戦後の混乱が続く一九四六年十二月、島が提唱する「高速台車振動研究会」が発足した。参加者は、島も含めた国鉄の工作局の設計者が五人、鉄研の松平ら元航空技術者らも五人、民間の車両メーカーの川崎車両や汽車会社（ともに現川崎重工）、三菱重工などから一四名の合計二四名で、いずれも選りすぐったトップ技術者ばかりだった。

注目すべきは、このメンバーの一人一人の出身および専門である。二四名の内、一〇名までが戦前の航空機技術者だったのである。「航空禁止」となって、戦前の陸海軍の航空技術者は、民間の車両メーカーにも大勢が再就職していたのだ。そうした航空技術者らを島はあえてメンバーとして参加させていた。従来の鉄道車両設計者だけで研究した方が効率よく、スムーズに事が進むにもかかわらずである。

このような陣容から、言わずとして研究会の提唱者である島の狙いがはっきりと見えてくるというものだ。研究会の議長は島だった。

一九四九年十二月までの間に研究会は六回開かれて、自由な議論とともに、各参加者それぞれの持ち場で専門とする調査・研究・実験も行った。

「この研究会は、戦後鉄道界にはいった航空機畑の技術者が、飛行機流の理論解析をだいたんに導入して、車両振動の理論を展開したのに対して、古くからの鉄道技術者が長年の経験を開陳する形で、きわめて活発な討論が行われた」と松平は振り返っている。

島の狙いは研究会の陣容からして明確であり、航空技術者について語った。

「なにしろ鉄研には陸海軍の非常に進んでいた技術分野を担当していた方々に来てもらいました。例えば、飛行機やその材料、それに通信やエレクトロニクスなどの分野の方たちですね」

明らかに鉄道より進んでいる航空機の先端的技術や理論を取り込むことで、伝統に基づく経験主義に凝り固まりがちな鉄道技術のこれまでの殻を打ち破って新風を吹き込もうとした。それにより、鉄道技術の近代化（革新）を目指したのだった。さらにはその先に見据える、島が戦前から抱き続け、また研究を着実に進めてきた電車化による高速の長距離列車の実現であった。

だが列車を高速走行しようとするときの問題の一例として、条件が重なると車両の台車は車輪とともに自励的な横振動を起こして乗り心地を悪くする。それがさらに激しくなると台車や線路を損傷するだけでなく、蛇行し始めて脱線してしまうのである。

このため、高速化するにはどうしても、この振動問題を解析して原因を究明し、新たな方式の台車を開発する必要があった。だが振動の問題はさまざまな要因が複雑に合わさって生じるため、その原因を解明して理論化するのは極めて難しいといわれてきた。

この難題を研究することになった松平は振動の研究者だった。戦前、零戦のフラッターの研究から学び得た理論を踏まえつつ、この後、台車の振動解析に挑んで解明したのである。その結果を踏まえて、車両メーカーなどとともに特殊な空気バネなどを考案し、列車の振動を抑えることに見事成功した。この開発により、電車の時速二〇〇キロ走行の高速化に道を開き、0系車両の誕生へと至るのである。

この論文の「まとめ」において松平は、「大成功をおさめた要因」を次のように記している。「従来からの鉄道技術の中に航空機を主とする他の技術が多量に注入されて、これらがこん然一体となり、従来の慣行にとらわれない新規の自主技術を開発する進取の気風が醸成された」

飛行機屋と鉄道屋の齟齬

だが松平のこの記述は「論文」だけにいささかきれいごととなっている。鉄研に採用された元海軍の航空技術者に訊くと、次のような内実だった。

鉄道と航空機（軍用機）では、研究・開発するとき、その使われ方や使命からして何を重要視するかの志向性が異なってくるのである。さらには従事する技術者の設計姿勢や心構えも違うために、研究会では両者の間で齟齬が生じていた。かなりの激論も戦わされることになった。

ともに両分野を代表する超エリートの技術者たちだけに、自分たちの技術には絶対的な自信と自負がある。そのため、議論が白熱を帯びてくると、両者の育った技術環境の違いがより露わとなってきた。より互いを強く意識することにもなって、ともに相手に対する不信感を募らせたのだった。

松平は別のインタビューで次のように内情を語っている。

「国鉄に入って違うなと思ったのは、われわれ海軍から行った者は、とにかく自分たちで考えて新しいものを創造するんだという精神で研究に取り組み、試作もどんどんやったが、国鉄では古い人たちの経験にもとづいて細かい改良をするだけの、いわば経験工学の世界だなということだった。(海軍航空では)上からいわれたことだけを研究してこうなりましたではなく、人のやらないことをやって新しい事実なり現象なりを発見し、それにもとづいて、いままでになかったものをつくり上げるのが研究開発であり、そういう基本的なことをさんざん叩き込まれ、深く認識して国鉄に入って来たのが我々の強みだった」(『海軍技術者たちの太平洋戦争』)

松平と同じ海軍航空技術廠の軍用機設計者で、前述した山名正夫主任設計者の下で先進的な陸上爆撃機「銀河」の開発を総括主務として担った三木直忠は、直言居士だけに、歯にきぬを着せぬ言葉で率直に語っている。

「鉄道技術研究所というのは試験所みたいだったですね。本社の工作局で設計したのを試験するという所で、新しい車両を開発する場所ではなかったわけです。設計にタッチすることは、本社に嫌がられたわけです」と述べていた。

それだけではなかった。後の昭和三十二(一九五七)年五月三十日、鉄研の創設五十周年を記念して、銀座山葉ホールで開かれた「東京―大阪間　三時間への可能性」と題する、マスコミ関係者などを集めての講演会でも、「『勝手な報告をするな』とか言って本社から怒られました」とも語る。

三木はこの講演会ではトップバッターを務めた。かねてからの持論である航空機の理論を応用して列車に取り入れ、「車両を軽量化し、さらには先頭形状を流線形化して空気抵抗を抑えれば、最高時速は二〇〇キロを超える」と豪語したのである。

航空機技術者がよく口にする考え方の「美しい形(曲線)の飛行機をつくれば、必ず空気抵抗は少なくていい飛行機になる」

飛行機屋と鉄道屋の両者を比べるとき、新しい技術に対する取り組み姿勢や気質がかなり異なっていた。軍用機は兵器ゆえに〝殺るか、殺られるか〟の世界である。大袈裟にいえば、敵より少しでも性能が上回らなければ死を意味する。そのためには安全性や信頼性をある程度は犠牲にしてでも性能を最優先する技術至上主義に徹する必要があるし、使命と感じている。ということは、これを設計する航空技術者はおのずと新しい技術を取り入れることに積極的で大胆となり、そのことが体の隅々にまで滲みわたっている。

ところが、大勢の人命を預かる公共輸送としての鉄道はまったく逆である。安全が第一で、過去の実績と経験を踏まえつつ、新しい技術を取り入れることに極めて慎重である。いわば保守的で、石橋を叩きながらでしか新技術を取り入れようとはしなかった。

しかも、両者の置かれた現在の立場性はというと、航空技術者は翼を奪われて〝陸へ上がったカッパ〟となったところを鉄研に拾われ、研究の場が与えられた。いわば居候の身の上である。所詮は、専門外の鉄研に来たよそ者である。右も左もわからず、すぐに手掛ける仕事もない。そんな日の当たらない存在で影が薄く、所内では浮いていたのである。

前述したように、戦後、鉄研入りした陸海軍からの技術者、研究者の人数が多かったこともあって、建物が手狭になったのは事実であるが、彼らは腰の落ち着かない日々だった。このため、鉄研の本部がある浜松、新たに移転する東京の郊外の国立、三鷹の旧中央航空研究所跡などを転々としながらの研究だったし、研究設備もお粗末だった。

だが、島の提唱によってはからずも場を与えられた研究会が自由な雰囲気だっただけに、この時ぞと、身に付けた飛行機屋独特の自説を前面に出して主張した。その姿勢は地である新しもの好きで進取の気質そのものだった。

となると、鉄道屋からすれば、「鉄道のことは何も知らない飛行機屋が生意気にも……」とカチンときて反発を生む。それゆえ両者の議論は嚙み合わないことも多かったのである。

新しい血が混じる

そんな様子を、一段高いところから冷静に島が見極めつつ、ときには間に入って調整し、また議論を誘導しながら、一定の方向性と成果をもたらそうとしていたのだった。

昭和四〇年代の終わりごろに行われた「鉄道技術の歩み」と題する国鉄幹部と島の座談がある。そこにおいて、国鉄の森垣常夫常務理事が「戦後の技術革新のなかで、陸海軍からの技術者の受け入れがありましたね。それが今日の国鉄の技術革新に非常に大きな……」と問いかけたのに対して島が答えている。

「大いに役立っていますね。鉄道の仕事は歴史が古いものですから、経験的な積み上げがかなり多くて、経験重視的ですね。どちらかと言えば、理論づけをあとからやって、形をつけるような話で、しかもオーソドックスといえば、聞こえはよいのですが、非常に古風な理論づけをする人が多かったですね。そこに新しい科学技術（航空など）の方から理論をつくり、それで技術を引っぱって行こうというサイドの人達がやって来たものですからね」

これまで固く信じて疑わなかった伝統にとらわれた鉄道技術者の保守的な気質や思考様式に、航空技術者が刺激を与え、新風を吹き込み、これまでの殻を破ることを促したのだった。

松平は後の「新幹線のプロジェクトの成功要因はいろいろあると思うのですけれども、技術に関していえば」と切り出して「国鉄という古い鉄道の技術の中に戦後、特に航空機であるとかほかの新しい血がまじり、それがよくこん然一体となった、これが非常にたいせつなことだとおもうんですよ。やはりそういうふうに新しい血が入ってまじらないと、どうしても古くなって陳腐化するんですね」（『源流を求めて』）

一九四九年四月、最後の第六回目の研究会を終えるにあたり、島は次のような言葉で締めくくった。

「（この研究会は）先の見える素地を作るのが目的です。私ども苦しい所ですが、ここで延びるためにも根本的な事から研究して、車両が輸出のホープであることを考え、また客車が外国に行ったときひけをとらない様に、耐え忍ぶ苦しさを打開して第一歩からしっかり勉強したいと思います」

この頃はといえば、戦後最大といわれた労働運動が全国的な盛り上がりを見せていて世情は不安に満ちていた。とりわけ国鉄は大争議や総裁の下山定則が線路上で轢断死体となって発見された下山事件、東北本線の旅客列車転覆の松川事件（三人が死亡）など不可解な事件が相次いで起こって大きく混乱していた時期だった。そんな最中にあって、島は国鉄の近代化である車両の電車化、高速化、輸出などを先に見据えつつ、研究会を進めていたのだった。

松平は先の「まとめ」において、この研究会も含めた新幹線の成功要因として、「優れた指導者（島秀雄）によって研究開発の方向づけと組織化が適切に行われた」からと締めくくっている。

その島がこの時の「高速台車振動研究会」について語ってくれた。

「鉄研に入って来られた元航空機の技術者たちは優秀な方々ばかりでしたから、研究会では有意義な議論ができたし、鉄道技術者もいい刺激になって大いに学びましたね」

この研究会を島が提唱した背景には彼自身の確信があったからだ。それは「日本では電車が最適、将来は電化され、必ず電車中心の鉄道になる」だった。

島は敗戦間際の米軍による激しい空襲下においても、疎開先に集めた部下たちに対して、「日本には動力分散方式による電車が最適である」と諭し、将来を見据えながら、激励して電車の研究をやらせていたのだった。

とかく日本の科学技術分野における基本姿勢は常に欧米先進国の後追いで、しかも真似をすることが当然でベストな選択であるとしてきた中においては希有な例で、欧米諸国が目指す方向性とは異なる大胆な独自路線であり、慧眼だった。それが見事に結実したのが戦後の新幹線だったのである。

そのベースには、島親子がともに世界の鉄道界に広く通暁しており、その上に立って、日本と欧米との地勢の違いを見極めつつ、的確な判断を下していったからであろう。

「貴重な鉄道技術者たちが兵隊にとられることを防ぐ」という目の前の現実もあったが、部下たちを東京・中野の宝仙寺に疎開させ、「戦争に勝てるとは思えないが、いずれ終わるだろうから、そのときに備えて隊員の志気を引き締め、鉄道の再建を考えておくために車両の研究、設計の分担を決めてやらせた」と島は語った。

もちろん、当面する具体化の計画はなかったが、「主に電車の研究をやらせた。特に安全に速く走るための台車、パンタグラフ、ブレーキなどの研究に力を注いだ」

島は高速台車振動の研究だけでなく、動力伝達方式、電気制御方式、電気機器、軽量車体、防音、連結装置、シート、空調装置など、かなり広い範囲の研究を進めるリーダーシップを執ってきた。その目的は先にも述べた、鉄道の近代化であり、電車化、高速の長距離用電車の実現だった。

島は人から「新幹線はいつごろから研究をし始めたのですか」とよく訊かれることがある。そのときいつも脳裏に浮かぶのは、敗戦間際となった疎開先でのこのときの姿だった。

食料の調達もままならない中で、空きっ腹を抱えながら「いつか将来は」と思いつつ手掛けて、日本ならではの電車に関する「このときの研究が戦後の復興に、また新幹線に大いに役立ったのです」と力を込めて語った。

だが、この疎開しての「電車の研究」のさらにルーツをたどると、そこには大戦末期に工事が中断して挫折した「弾丸列車計画」があった。

〝車両の神様〟島安次郎

ここまで島が進めてきた航空技術も取り入れての０系新幹線に向けた簡単な道のりを紹介してきた。広く知られる島は、現在では、「世界に誇る日本のモノ作りを代表する技術者」としても持て囃されている。近年はＮＨＫだけでなく民間放送のテレビにおいても、長時間ドキュメンタリー番組などで何度も取り上げられた。新聞や雑誌などでも繰り返し登場したりする。

また彼の父親の安次郎《やすじろう》もまた偉大な人物で〝車両の神様〟と呼ばれて世界にその名が知られ、息子とともに日本の鉄道史にその名を残した技術者である。それだけに、島親子がたどった簡単な軌跡と、両人が深くかかわった新幹線の原型である「弾丸列車計画」について簡単に紹介しておく必要があろう。

安次郎は、明治・大正時代の鉄道院（鉄道省）においてリーダーシップを執った学者肌の技術者であり、世界の鉄道についての見識が広く、とりわけ先見の明があった。

明治の初め、維新政府の重鎮である大隈重信は鉄道の普及に極めて熱心であった。でも鉄道については無知だったため、安価で済むレールの幅が狭い「狭軌」を採用してしまった。後に大隈は「狭軌にしたのは我が輩の一世一代の失策であった」（『日本鉄道創設史話』）と語ったと伝えられている。

このため、島安次郎は明治の末頃から、現在の新幹線と同じ「広軌」の鉄道に改築すべきだと唱え続けた。初代の鉄道院総裁の後藤新平などのバックアップを受けつつ実行に移そうとした。ところが利権に走る時の為政者たちの反対に遭って、政治の壁は突き破れず、三度も潰された。三度目の時には、いよいよもって我慢がならず、辞表を提出し、しばらくして請われて満鉄へと去った。

先にも述べたが、日本でいう「広軌」とは「国際標準規」である。海外では圧倒的に多くて、日本は戦後の新幹線以外のほとんどの鉄道が「狭軌」である。そのレール幅は一〇六七ミリで狭いため、高速化しようとすると車両が振動を起こして不安定となる。このため最高速度や車両幅もおのずと制限される。その結果、輸送力は劣ることになって、明治から今日まで、「国家的な損失」を出し続けてきたのである。日本の鉄道史の研究家たちからは「島親子なくして、日本の鉄道技術は今日の発展を成しえなかった」とも評されている。

それほど二人に対する評価は高く、時の権力からは一定の距離を置き、大所高所から判断を下してきた日本の鉄道史において屹立した存在である。

昭和三〇年代、島が推し進めようとした、動力分散方式による広軌の電車で、新たに別線を敷く新幹線計画は当初、国鉄や政府部内において圧倒的に反対が多かった。それでも島は粘り強く、自らの確信と信念に基づき、将来の高速化と大量輸送時代を見据えつつ、国鉄の技師長として新幹線計画の基本を形作り、先導した。そして完成させ、営業的にはドル箱となって成功に導いた日本の鉄道界の大御所である。

幻の「弾丸列車」計画

ところで筆者と先の星晃との縁は、新幹線の原型として知られる、戦前の「広軌新幹線計画」、前述した通称「弾丸列車計画」について、四〇〇ページを超える拙著『弾丸列車―幻の東京発北京行き超特急』を発刊したときだった。

この弾丸列車とは、日中戦争の翌年となる昭和十三（一九三八）年、鉄道省内において計画が浮上した。軍部の強い後押しを受けつつ建設することを決定したのである。最大の狙いは、建国された「満州国」に向けた、中国大陸と日本との一貫輸送を目指す壮大なプロジェクトであった。

日・満間の人や物資の輸送が急増したため、近いうちに輸送力のパンクが確実となっていた。このため当初の計画では、それまでの蒸気機関車に替わり、電化した電気機関車で東京―下関間を時速二〇〇キロで走らせる。それも既存の東海道・山陽本線とは別に、新しく広軌の新線を敷設する計画を進めることとしたのである。

ところが〝泣く子も黙る〟軍部の反対に遭った。「発電所や変電所を敵の飛行機が爆撃したら全線が止まってしまう」との理由からだった。その点、蒸気機関車は積んでいる石炭を燃料として自律的に走ることができる。

このため、当初の計画の電気機関車から従来の蒸気機関車に変更を余儀なくされ、時速一五〇キロに抑えざるを得なかった。おのずと所要時間は増えて、東京—下関間を九時間で、東京—大阪間は四時間半で走らせることになった。

昭和十五（一九四〇）年秋から工事はスタートし、十九（一九四四）年まで進められた。だが戦火が激しくなってきたために、資材や人、予算も不足して途中で工事は中断を余儀なくされ、敗戦となって中止となったのである。

拙著の『弾丸列車』を発刊する以前においても、新幹線については著作が山のように発刊されてきた。それらの冒頭には必ずといってよいほど、「戦前には弾丸列車計画があった」と記され、その大まかな概要について数ページほどが費やされている。

その理由は、この計画の内容、とりわけ東京—大阪間はほんの一部を除いて、戦後の新幹線とそっくり同じだったからだ。すでに用地買収はかなりの程度まで行われていたし、戦後の新幹線で使われることになる日本坂や東山の両トンネルは既に完成していた。新丹那トンネルも三分の一まで工事が進んでいた。このため、戦後の新幹線が国家的な巨大プロジェクトであったにもかかわらず、工事は大きな問題を起こすこともなく、スケジュールどおりに進んで、見事、東京オリンピックの開幕に間に合わせたのだった。

この戦前の広軌新幹線計画（弾丸列車）において、島は主に車両関係の開発責任者としてかかわり、戦後の（広軌）新幹線では技師長として指揮を執ったが、こう語った。

「戦後に登場した新幹線は、戦前の弾丸列車計画が甦って実現したようなものです。たしかに新幹線の工事費はあえて低く見積もって政府に提出したので、予想していたとおりオーバーしました。でもこれだけ巨大な事業の新幹線工事が予定どおり完成してうまくいったのは、戦前にわれわれがやった『弾丸列車』の計画があったからです。やはり当時の計画全体がよくできていたからでしょう。もしこのときの計画や研究、用地買収がなかったら、戦後の新幹線はあれほどスムーズには運ばず、実現はもっと遅れていたでしょう」

戦後の新幹線はあきらかに弾丸列車をそのまま引き継いでいた。日本の大動脈である東海道を縦断する一大規模の事業で、しかも前代未聞の超高速鉄道であったにもかかわらず、わずか五年半という短い期間で完成させて、外国の鉄道先進国をも驚かせた。

新幹線の成功は、斜陽と決めつけられて停滞し、活気を失っていた世界の鉄道界を大いに刺激することとなった。「超高速鉄道の幕開け」と持て囃されるようにもなった。やがては世界に波及して、大量かつ高速輸送が可能な〝鉄道ルネッサンス〟を呼び起こすのである。

ところが戦後の新幹線を成功に導いて、これほど大きな意味合いをもつ弾丸列車計画ではあるが、敗戦から半世紀近くがたっても、その全貌について書かれた著作は一冊もなかった。その全体像を示す当時の資料が見当たらなかったからであろう。戦前の軍事最優先で、大陸進出の野望を秘めた一大計画でもあったため、そのほとんどの資料が、敗戦時に焼却されていたのである。

でも、いろいろと手を尽くして調べていくと、長く地下に眠ったままになっていた数千枚に及ぶ弾丸列車関係の当時の資料を探り当てることができた。併せて、弾丸列車を立案して政府や軍部に根回しした、島をはじめとする同世代で高齢の元鉄道省の技術者や事務官らを訪ね、当時のことを詳しく訊いた。その結果、先の拙著をまとめることができたのだった。

発刊するとすぐに、拙著を読んだ星からの丁寧な手紙を受け取った。「初めて弾丸列車に関するまとまった本が発刊されたので大変喜ばしく思います……」

戦後、星は島の下で新幹線の車両設計を担当した中心的な技術者だった。だがその枠を超えて無類の鉄道好きであり、しかもやたら詳しい。多くの鉄道関係の著作も発刊していて、鉄道ファンの間では有名な人物である。国鉄時代には副技師長も務めていた。

でも手紙を貰ってから十数年がたって初めて、その星にインタビューした。その際に諭された。「晩年はインタビュー嫌いとなっていた島さんに、八回もインタビューしたなんて、日本中であなたくらいしかいないのだから、もっと島さんについて書きなさい」

島へのインタビューでは、単に弾丸列車についてだけ聞いたのではなかった。九〇年近い彼の鉄道人生についても語ってもらった。また広く世界の鉄道の歴史や技術に対する彼の考えなどについても聞いたのだった。その視野や見識は広くて、単に専門の鉄道の世界だけに留まることはなかった。

エンジニアのノーベル賞

一九六六年、島は輸送技術者としては世界で最も権威のあるスペリー賞を受賞していた。この賞はアメリカの機械学会、航空宇宙学会ほか五つの工学会が「陸海空における輸送技術の進歩発展に関して『実用によって証明されたる』顕著な工学的貢献をなしたるもの」に授与される。

さらに三年後には、一九三九年から二年に一回授与されてきた機械工学分野の最高の賞で、〝エンジニアのノーベル賞〟ともいわれるジェイムズ・ワット賞も受賞した。東洋人としては初めての受賞だった。両賞とも、新幹線を実現して超高速鉄道の世界を切り開いた業績によってである。そのほかにも総理大臣賞や運輸大臣賞、科学技術庁長官賞など、主なものだけでも九つも受賞している。

晩年のインタビュー嫌い

こうした経歴からして、島が誰しも認める大物であることは、インタビュー当時も重々承知していた。だが取材の申し入れは、ジャーナリズムにおいて、思い出したように〝新幹線三十周年〟と持て囃し、騒がれる少し前の一九九〇年代の初め頃だった。あとで知ったことだが、ジャーナリスティックな取材を嫌う晩年の島は、たとえインタビューを申し込まれても、ほとんどを断っていたそうである。

そんなことを知らない筆者は、とにかく『弾丸列車』についてまとめたいと思い、鉄道に詳しい編集者・岩野裕一のアレンジによってインタビューが受け入れられたのだった。

インタビュー時は九〇歳前後の高齢ではあったが、島の記憶力は素晴らしかった。

東京・浜松町の世界貿易センタービル二二階にある宇宙開発事業団（現ＪＡＸＡ）の顧問（執務）室に何度も通い詰めて、そのたびごとに数時間ほど話を伺った。島は新幹線の開業にめどが立った昭和三十八（一九六三）年五月、国鉄を辞めた。ところが六年後、時の首相で戦前の鉄道省出身の佐藤栄作に懇願され、やむなく六八歳のとき、宇宙開発事業団の理事長に就任していたからだ。

最初に訪れた際、島は「ああ、いらっしゃい」と言いつつ、ステッキで大柄な身体を支えつつ、筆者を執務机の背後の大きくとったガラス窓のところまで案内してくれた。

「ここからいつでも新幹線を眺めることができるんですよ」と言いつつ眼下を指差した。見下ろせば、スピードを落としてゆったりと走り行く模型のような大きさに見える新幹線が目に入った。

何度も訪れたのだが、執務室のドアを開けたときには、いつも机に向かっている姿があった。白内障が進んでいるため、目を文献や書類に極端に近づけて読んでいた。九〇歳の高齢になっても、たえず新しい技術の動向や世界の動きをウオッチしているように見受けられた。そんな姿が今もありありと脳裡に浮かぶ島との最初の出会いだった。

先に星が指摘したように、異分野である航空機の先端技術（技術者）に着眼して、これを鉄道車両に持ち込むことを決めたのは島が最初なのだが、根っからの鉄道屋である。新技術の取り入れには極めて慎重で冷めてもいた。時流には乗らず、おもねることもない。利権に走る政治家からの誘いにも常に距離をとっていて、事の本質を見極めつつ、理にかなった鉄道の将来を見つめていた。そんな質実剛健で安全第一とする島の技術哲学を端的に表す言葉がある。

「新幹線には目新しい技術が何一つ使われていないのです。時速二〇〇キロ程度ならば、それまでわれわれが培ってきた実績のある技術を組み合わせたり改良すれば、十分作り上げられるのです。お客さんに安全に乗っていただく鉄道に、実績のない、目新しい技術をことさら追いかける必要はないのです」

新しい技術を取り入れることには「慎重すぎるほど慎重」に吟味し、直属の部下から言わせれば、「歯がゆいほどだった」

そんな島の姿勢を如実に示した次のような戦前の興味深い事例がある。それは、本書の主題である車両の先頭形状の流線形化についての出来事だけに、紹介しておく必要があろう。

０系の先頭形状の流線形化では島は積極的で、自らの希望とするところをかなり具体的に現場に伝えてこだわりを見せ、実現させていたほどだった。

ところが戦前の一九三〇年代半ば頃、世界的に流行した列車（蒸気機関車）の流線形化に対しては、役職上、車両開発の責任者でありながらも、まったく逆で熱意はなく、冷めた対応だった。

速度競争と流線形車両

この頃の鉄道省は車両のデザインなどあまり眼中になかった。無理もない。日本の車両のほとんどを占めていた蒸気機関車を見れば一目瞭然である。

今日においても多くの鉄道ファンや一般国民をも虜にするあの黒塗装した鋼板で覆われた巨大な円筒形の釜とボイラの鉄の塊。その上には太い煙突が立っていてモクモクと煙を吐き出し、機関車の顔というべき正面の上方にはポイントとなる大きくて丸いライトとナンバープレートがある。回転する数個の鉄車輪と往復運動するピストンに、クランク軸の力強くてメカニカルな機能性を剝き出しにした迫力そのものであった。

従来どおりの実用性一点張りで、その機能性が理屈抜きにデザインとして十分に存在感を与えている。だから、「余計なデコレーションなどする必要性は感じない」というのが鉄道省の車両設計者の共通する考え方である。

ところが、アメリカや欧州では違っていた。たとえ蒸気機関車であっても、意表を衝く奇抜なデザインの先頭車両も登場していた。なかでも一九三〇年ごろから登場してくる本格的な流線形の車両はまたたくまに大流行となった。またアメリカにおいて、インダストリアルデザイン革命を起こした世界的なデザイナーのレイモンド・ローウィがデザインしたペンシルベニア鉄道も含めて、欧米の鉄道に続々と登場してバカ受けしていた。

たとえば、アメリカではバーリントンゼファーやユニオンパシフィックM―1000である。しかし、世界的に流線形の火付け役となったのはなんといっても、一九三二年一〇月から試験運転して翌年五月から定期運行を開始したドイツのフリーゲンデルハンブルガーであった。

時代は下るが、一九五五年、フランス国鉄の直流EL実験車が、南フランス、ボルドー付近の直線区間で時速三三一キロを記録した。そのときの空気抵抗のデータがある。このグラフによると、たしかに空気抵抗は時速一四〇キロあたりを超えてくると、二次関数的にカーブが急に立ち上がって、その値が急増するので無視できなくなる。超高速になると速度の二乗そして三乗に比例し、三〇〇キロ前後では動力のエネルギーの九〇パーセントが空気抵抗によって消費されてしまうのである。

ところが、それ以下の速度でしかない当時の欧米の鉄道車両を流線形にしても実質的な意味も効果もあまりないのである。ましてや、狭軌の鉄道で時速一〇〇キロ以下の日本の戦前の鉄道ならばほとんど意味をなさない。

個人の所有物で、見栄えの良さも重んじられる自動車ならまだしも、鉄道車両の胴体に使われる外板は分厚いだけに、これを流線形に加工するのは大変な作業である。それに時間もコストも余計にかかる。それでもあえて採用するのは、ただただ、流線形ならばカッコよく見えて、利用者に喜ばれて集客を得られるとの狙いに過ぎない。いわゆる見栄えでありデザイン的配慮を優先したのである。

欧米ではこのような考え方が航空機や鉄道、自動車に限らず、家電製品、日用品にまでも広がって流線形時代が現出し好評を博していたのである。例えば、とってつけたような流線形の自転車、ゴルフクラブ、マイクロフォン、ミルクボトル、建築物、女性のガードル、流線形ジャガイモなどなどが登場して、今から見れば滑稽の極みで笑い話である。

当初は、流体力学的な概念で空気抵抗をできるだけ少なくするフォルムとしての流線形が、いつしかその文脈からそれていった。意味が拡張され、さまざまな分野に広がりをみせることになる。それはムダや障害因子を取り去ること、あるいはスピード化、進歩や進化、先進性、未来志向さらには優性といった意味合いも持ち始めて拡張された。やがては、科学的神話を生みだしていくのである。

それが最も広がったのが大量消費で宣伝広告が最もさかんで大規模だったコマーシャルの国、アメリカの工業製品だった。さらには、流線形を進歩とか合理性だけでなく、人種あるいは民族性の優性といった受け止め方にまで拡張して排外主義的あるいは人種差別的な国家主義へと結びつけていったのが戦前のナチス・ドイツであった。

でも人々は、流線形が醸し出す流麗さや心地よい自然な流れの魅力によって、「流線形であること」でもって時代の進歩とか先進性といった未来を先取りしたような気分に浸っていた。見方を変えれば、流線形は進歩という幻想を生み出して〝流線形シンドローム〟を生みだし「科学時代の迷信」を形づくっていた。

日本の流線形列車デビュー

こうした欧米の流行は日本の雑誌や新聞でもさかんに紹介された。とくに戦前は軍国調の「科学主義」が大流行し、人気を博した幾種類ものポピュラーな科学雑誌、『科学知識』『科学画報』、さらには航空雑誌や鉄道雑誌などが発刊されていた。

これらの雑誌は競い合うようにして、海外で登場した流線形の鉄道車両や航空機、自動車などをすぐさま取りあげて日本のファンを大いに楽しませていた。

もちろん、科学技術や動くものが好きで、鉄道や航空機、自動車などの分野に進んだ研究者、技術者は、今以上に欧米先進国で開発された新技術や工業製品、乗物に関心を抱いていた。また積極的に取り入れた。あるいは、ちゃっかりアイディアを頂いて真似をするのが当たり前だったので、こうした雑誌を愛読していた。

だから、鉄道車両の設計者たちは、欧米先進国で流線形の車両が登場していることは熟知していたのだ。もちろん島も同様だった。だがそれでも、鉄道省が取り入れた流線形の列車は一九三四年から三六年にかけて登場した蒸気機関車のC53・43、C55の二次型、電気機関車のEF55だけである。

そのうちC53・43とC55の二次型は島が設計していた。でも前者はC53の先頭車両の外側に流線形をした鋼板を覆い被せる外装を施しただけの典型的なにわか作りだった。それも、たった二〇日での改装工事で完成させていた。しかも、たった一車両を製作しただけだった。

ＥＦ55もまたＥＦ53をベースにして先頭車両を流線形にし、最後部車両の後端を切妻型にしていた。これまたにわか作りで、わずか三車両しか製造しなかった。

一方、Ｃ53・43やＥＦ55と違って、最初から流線形した軽量型の旅客用機関車として設計されたＣ55は六二車両が製造されたが、実際に登場して運行したのは二一車両でしかなかった。

これらの列車は東海道本線に超特急「燕」や特急「富士」として運行された。すると大評判となって新聞や雑誌などで盛んに取り上げられてニュース映画にまでなった。

一九三五年一月号の『科学画報』は、待ちかねていたとばかりにＣ53を最新科学ニュースとして「遂に流線型汽関車現る」とのタイトルで伝えている。

「かねて鷹取工場において改装を急がれていたＣ五三型汽関車は、去る十一月二十五日流線化された姿も見事に、山陽線鷹取、神戸間を試運転された。その形もわが国独特のものであった、正面から見るとまるで巨大な戦車のような形である。この汽関車は十二月一日午後の神戸発燕を引いて、東海道線にデビューするということである」

冷めた思いで設計

もともとお役所でもある鉄道省は、お客さんサービスの精神が著しく欠けていて、「乗せてやる」といった姿勢だった。ところが、欧米で登場して大人気を博している流線形の鉄道車両を、新聞や雑誌がさかんに紹介して鉄道省を煽り、けしかけたのである。

「なぜ鉄道省は流線型の鉄道に取り組まないのか。欧米では盛んなのに」

しかも、一九三四年十一月、満鉄が流線形をした米国風の特急「あじあ」号を登場させた。広軌鉄道の「あじあ」号は、日本国内の最高の営業速度を誇る超特急「燕」の九五キロを大きく上回る一二〇キロで、爆発的な人気と評判を獲得した。

このため鉄道省の職員たちは、「分家のくせに、満鉄はやりやがったな」との受け止め方だった。そして重い腰を上げざるを得なかったのである。その頃の時代背景や舞台裏について島は語ってくれた。それと併せて、島は、戦前の雑誌『鉄道』昭和九年十一月号には「国鉄流線型機関車に就いて」、さらには同誌昭和十年一月号では「C53形式流線型改造に就いて」と題して寄稿しており、随時引用する。

「第二次大戦前に、鉄道が自動車にやられそうになった時期があるわけですよ。（中略）片や自動車は非常に華々しい時期で、派手な形をしていた、そんな時です鉄道に流線型が出現したのは」

時代に遅れてはならじというわけだ。そんな海外からの情報に素早く反応した新聞記者や鉄道記者が鉄道省に押しかけてきたのだ。

島 秀雄

「高速を狙え！、空気抵抗を減らせ！、あの戦闘機の姿を見習え！、流線型だ」と煽り、鉄道省の上層部をせき立てた。

島は当時を振り返っている。外国の新型車両が輸入されてきて「先が尖ったり、円みが掛かったりさらには魚の鰭の様なものや尻尾の様なものが後部にピンと突立った派手な色をした新型車が町のどこをも目立ちたげに走りだした。そして流行熱（当時ファッションなどという言葉はまだなかった）は車だけではなく拡がって、夫人子供の服装から髪型、さらには家具調度に至るまで、何にでも及んだのであった」

こうした流線形熱が蔓延する中で、島はある日、上司の朝倉希一に呼ばれた。

「世の中がこの様に流線形、流線形と囃し立てている時節柄、汽車の形もその線で見なおしてみてはどうだね、実は新聞記者の連中からも『汽車もその様な研究・改良をして行かねば自動車に置いていかれる』とのことだった。

でも島らは技術者の立場から海外の流線形熱の内実やその効果の有無についても知っていた。

「当時の鉄道車両では流線型にしても工学的にも効果は望めないし、経済性も上がらないと最初からわかっておりました。しかし、上層部の希望によりやったわけです。（中略）空気抵抗の値がどうなど期待していませんでしたから」

それに、自動車と列車は違うので倣う必然性はまったくない。自動車は単体だが列車は何両もの車両を繋いでいるので、空気抵抗を減らそうとするならば、最も多い順から取り組むべきであるとの認識だった。

「先ず各車両の継ぎ目部分の抵抗を減らす事から欠陥を埋め、次に出入り台や窓廻りの凸凹を平にして、それから最後尾の車両の形におよび、その次に機関車という順番になる」。そして「どうせやるなら当時最新鋭で、超特急〝つばめ〟などを引いて最も華々しく活躍していたC53にしましょう」ということになったのである。

このとき、顔となる先頭形状のデザインについて「私はただC53でスケッチしただけです」とし、そうしたラフスケッチをすぐさま図面化する優秀なスタッフがいた。ただし、「もともとそんなにお金をかけるものとは思っておりませんでしたからね。図面は手間のかかる三次曲線はやめて、やりやすい二次曲線だけでまとめて、とにかく作り易く上げようと思いチョロチョロとやって……」

島は「外国の車両などでモデルになるものが頭にありましたか」との問いに対してはっきり答えている。

「私は勝手に考えたもので、そのようなものはありませんでした。（中略）できるだけ余計な目方（重量）にならないようにしましたが、それでも同じではないですね。重くなります」

具体的には、煙室の前端を斜めに切断するとともに、煙突を斜めにして囲って収納して露出させず、その両側に案内板を設けて空気を送る。そうすることで、煙がこれまでよりも上方に吹き上がるようになって列車にまとわりつかないだろう。また機関車の運転士や客車の窓を開けたときに煙が流れ込んでくるのを少なくできることの効果はあるとみていた。島にしてみれば、日本の鉄道は最高時速がせいぜいが九五キロであって、そのうえ曲線の線路が多いので、そんなスピードを出せる時間もそれほど多くない。ならば、空気抵抗が減る効果はほんのわずかというべきか、ほとんど意味がない。でも、流線形車両を作るのは上層部から要請があったからしかたなくやるにしても、せっかくやるなら少しでも前向きで実利のあることをと、この機会を利用して盛り込ませようとしたのがこの煙の改善だった。

できあがった流線形の機関車のいろいろな箇所に針金を巻いて、その先に細い絹の糸をつけて、列車を走らせて風になびく様子を観察した。空気の渦が発生しないよう、なるべく滑らかになびいているかを確認しながら形状も改良していって、二〇日くらいのにわかづくりで完成させたのだった。その結果「外面的な目標であった〝見てくれ〟の点でも何とかなった物が出来上がった」のである。

このように蒸気機関車を流線形にするには、上部だけでなく「足周りも覆って点検に不便だということは、初めからわかっていたことです」と語る。

このため、足周りのピストンや連接棒とかを点検したり、油を差したりするのは不便で手間がかかった。このデメリットについては、流線形化するにあたって、島は検査係などの現場からくる抗議や反対は十分に予想される。このためあらかじめ「さんざん文句封じを言っておいて設計にかかりました」とも語る。当時は、現場の力が強かったからである。

上からいわれて仕方なく手掛けた流線形の車両に対する島自身の結論はこうだったと皮肉を込めながら

冗談っぽく語っていた。「イメージアップしえたけれど面倒がアップしちゃった」

熱狂は三、四年で終息

雑誌『鉄道』昭和九（一九三四）年十一月号「国鉄流線型機関車に就いて」、同誌昭和十年一月号「C53形式流線型改造に就いて」と題した原稿について、島は「戦前趣味誌には、流線型をやると、どれだけ得になるとかなどと私の名前でいろいろ書きましたが、それはあくまでも理想であって、本当は、たとえば石炭消費量が少なくなるなど、そんなに目にみえてよくなるとは思っていませんでした」

このときに限らず、時代の流行とか外国の目新しい技術について、やたら取り立てて騒ぐ周囲に対する島の取り組み姿勢は、総じてこのようなものだった。決して頭から否定はしないが、内実やその実質的な効用をちゃんと見きわめているだけに、実に冷めた対応だった。

C55の旅客用列車には黒色の車両を縁取るようにステンレスのベルトが取り付けられていて、鈍く光っているが、当時の鉄道省の機関車としては極めてめずらしいものだった。

これについても島が語っている。当時、汽車製造会社の会長に就任していた父・安次郎からサゼスチョンを受けた。

「外国の機関車には色塗りのものも多いのに日本の蒸気機関車は黒一色だが、この際ステンレスで作れば清掃も楽であろうから煙を遠ざけた記念に付けてみたら」

どうせ流線形の列車がお遊びのサービス精神から生まれたものだから、もう一つ遊んでみても悪くはないだろう。鉄道省の塗色規定の特例として許可をもらって実行したのだった。

戦前の日本において、流線形列車が登場した舞台裏を紹介した。それは当時の鉄道省における島ら車両設計陣の鉄道車両に対する設計思想やデザインについての考え方を端的にあらわしているといえよう。

たとえ鉄道先進国のドイツやアメリカで流線形がはやっているとしても、安易に迎合することはない。鉄道そして車両の本質や使命を十二分に踏まえつつ、冷静かつ合理性をもって事にあたっている姿勢である。やや遊びの精神に欠ける真面目一方で実利優先なところはあるが、それはこの時から約三〇年後に実現する、新幹線0系においても貫かれていたといえよう。

では、流線形ブームの結末はどうなったのか。日本では昭和九（一九三四）年からせいぜいが三、四年でブームは終わりを告げるのである。「流線型はこの様に華々しく発足したが、この間にも世の中は激しく移り変わり、怪しい雲行きに向かって進み出した。自動車のファッション化熱も数年で止み、各国鉄道の流線型熱もどこへやら……」

本場ドイツの鉄道界も、実際の車両を見れば、流線形に対しては逃げ腰が目立っていた。ただ単に機関車にマスクを〝被せ〟ているだけで、やはり車両点検の上での不便さはわかりきっていた。やがては、元の昔風の形式に逆戻りしてしまったのである。

「本当に性能的に流線型にした方が役立つものは、戦争になろうがどうしようが流線型なのです。お化粧の流線型は戦争になったらやめておこうという、……そんな流線型はもともとやめた方がいいのです」

世間の流線形熱とは対照的に、島ら技術陣は冷めていた。それでも「排煙実績のように多少なりとも実質的な寄与をしたのは我が国の国鉄だけだったろうと、今でも自負している」と島は総括する。

それは、昭和十二（一九三七）年七月七日、蘆溝橋事件に端を発して日中戦争が拡大すると、そんな遊びごとよりも、これまでどおりの実質的な効率性、経済性が優先であるとして元に戻ってしまった。

もともと島はこうした世間の情緒的な熱狂に迎合して新しい技術に取り組むとか、少しは左右されるといったことを最も嫌う技術者である。それだけに終始、冷めていた。

紹介してきた一連の島の発言は、インタビューでも伺ったが、未定稿の「流線型蒸気機関車――附青木槐三氏と私――」や『鉄道ピクトリアル』一九八四年一月号に掲載された座談会においての言葉である。だがその中で、島は「何か歴史は繰り返すという気がします」と最後に締めくくっている。一九九〇年代に登場してくる、一部に実質性の欠けた見てくれだけの新型車両のフィーバーを念頭においていたのであろうか。

「あじあ」号と「弾丸列車」の先頭形状

ここで満鉄の「あじあ」号と日本の蒸気機関車との関係、およびその先頭形状について触れておこう。中国大陸の大平原を最高時速一二〇キロ、平均時速八二・五キロで突っ走る広軌（標準軌）の高速鉄道として、満州発展の象徴として盛んに喧伝された。

だが、「あじあ」号の主要な技術の一つひとつを検討してみると、実際に技術者を現地アメリカに派遣して視察した米ユニオンパシフィック社のパシナ型蒸気機関車を大いに参考としていた。先頭車両のデザインも酷似している。実際、それまでの満鉄は米鉄道車両メーカーから頻繁に購入あるいは技術を導入していたのである。

満州とアメリカは地勢的に似ていて、使い方も広大な大陸を直線的に突っ走っていく鉄道だけに両者は共通していたのでそうなったのである。

既に紹介したように、「あじあ」号が開業した数年後、日本は輸送量の急増で、近い将来には滞ることが予想された東京―下関間に「広軌新幹線」（通称・「弾丸列車」）が計画された。一九四一年から建設工事が始まった。

このとき、開発することになった日本初の広軌で走らせる電気機関車は当初、最高時速二〇〇キロを予定していたが、軍部の反対で蒸気機関となり、最高時速は一五〇キロに落とさざるを得なかった。このときの車両の設計責任者は島秀雄だった。

その機関車の外観図面を見ると、その先頭形状はわずかに後ろに反らせている程度である。欧米で登場した派手な流線形の列車と比べると、極めておとなしいフォルムであった。

この弾丸列車計画がまだ議論されてはいない昭和十一（一九三六）年三月二十九日、戦前の時代を画する二・二六事件から一カ月しかたっておらず、その衝撃がまだ尾を引いているとき、島はかつて父親が駐在したことのあるドイツに向かった。一年九カ月にわたり在外研究員として駐在し、その間に二度目となる世界を回っての各国の鉄道視察をした。

この三年前、ドイツではすでに最高時速一六〇キロの「フリーゲンデルハンブルガー」が実用列車として登場していた。

ちょうどこの頃、欧州各国の鉄道がスピード競争を演じているときで、高速列車の花盛りだった。ドイツでは蒸気機関車のＳＬ05が試験走行で時速二〇〇キロを出していた。ドイツに対抗意識を燃やすイギリスは負けてはならじと、一九三八年、「マラドーナ」号を開発した。ＳＬ05をわずかに上回る時速二〇二キロを出して、蒸気機関車の世界新記録を樹立した。その先頭車両に注目すると、いかにも高速で突っ走るぞといわんばかりに、流線形のカバーをしたスピード感溢れる先頭形状をしていた。

島はこの時代の世界の鉄道に注目していて、常に広く情報収集を怠らないのが真骨頂であり親譲りの姿勢でもあった。それだけに、もし島が日本の車両を流線形にする実質的な意味を認めていれば、間違いなく弾丸列車にも取り入れていたであろう。

あるいは、「あじあ」号より三〇キロ速い弾丸列車である。ならば欧米流の俗受けするもっと派手な、いかにも「これぞ流線形ですよ」といわんばかりの先頭車両をデザインしても何ら差し支えなかったはずである。その方がより注目されて国民的な人気が増していただろう。だが、島は工学的、実質的に考えたときに、そんな見栄えだけの恰好を優先する車両の設計は必要はなしと判断したのである。

それは「あじあ」号に対しても同様だった。「あじあ」号が登場したとき、鉄道省の関係者らは狭軌であるためにスピードを上げることができない悔しさを隠さなかった。弾丸列車を担当した鉄道省本社の運輸局列車課の竹内外茂は島らとともに実際に満鉄へ何度も行って「あじあ」号の調査や走行実験も行っていたが、インタビューでは次のように語った。

「鉄道に入ったときから広軌をやりたいと思っていたから、『あじあ』号が羨ましかったし、広軌の列車は迫力もあった」

だが島は鉄道省が実現したことのない高速の弾丸列車に対して自信を覗かせていた。

「同じ広軌といっても、満鉄のはふつうの、今までの汽車が走る線路の上を走るのですが、こちらのほうは現在の新幹線と同じように専門の線路を新しく特別あつらえにつくってくれるのですから、そこでうまくいかなかったら恥ずかしいようなもんです。必ずできると思っていました」

欧米では鉄道の高速化とともに、デザインも見栄えを良くする流線形などを取り入れていた。これに対して島ら鉄道省の車両設計者たちは、上述のように技術的な自信はもちつつも、先頭形状のデザインについては保守的であった。あるいは〝質実剛健〟で生まじめだったのである。

それは見方を変えれば、島親子は「広軌改築」や「弾丸列車計画」「電車化」など、鉄道の基本路線の選択においても、世界の技術動向を常に把握しているだけに、それを踏まえつつ、日本の地勢条件下における鉄道において相応しいものはなにか。と親子二代にわたって日本独自の方向性を思索しつづけてきた。その自負と自信をもっていただけに、欧米では持て囃されて一世を風靡した流線形の採用に流されることなく、また必要性も感じなかったのであろう。

第三章　旅客機をイメージした０系新幹線

東海道新幹線計画のスタート

一九五八年七月、いよいよ新幹線計画が発表されて建設が本決まりになると、マスコミ、専門家、世論においては賛否両論が渦巻いた。あきらかに慎重論もしくは反対論が多かった。挙句は、のちに語りぐさとなる「世界四バカ」論が飛び出して、やり玉に挙げられた。

それはテレビ番組の司会者やエッセイストとしても大活躍する阿川佐和子の父親で元海軍の軍人である作家の阿川弘之だった。

阿川は以前に「世界三バカ」として、〝万里の長城〟〝ピラミッド〟〝戦艦「大和」〟の三つを取り上げてマスコミで話題となり、国民の間に定着していた。「巨大プロジェクトの新幹線も『大和』と同じで時代遅れとなって、この三つの巨大な浪費と同じ結末となり、後々までも笑いものになる」と言い放ったのである。マスコミ受けするコピーだけにいろんなところで取り上げられた。

要約すれば「いまや世界の交通は自動車や航空機の時代に移りつつある。新幹線に一七〇〇億円もかけて建設するなら、高速道路や国内航空路の整備拡充に振り向けた方が得策である。新幹線は世界一のスピードだといっても、『世界の物笑いの世界一になりかねない』。その典型例が時代錯誤の戦艦『大和』で、世界一の戦艦を作って海軍は誇ったが、無用の長物となってなんの役にも立たず、国費を浪費しただけに終わった。そんな二の舞になる新幹線は再検討すべきだ」

すでに紹介したように、当時、鉄道は斜陽だとの先入観が強かったので無理もなかった。事実、「科学技術において日本はアメリカとの戦争に負けた」とする思潮が支配的な戦後、日本はその反省から、手本として大いに学ぶべきとしたアメリカでは、「鉄道は斜陽」と言われていて、自動車と航空機が席巻していたのである。

日本では敗戦後ＧＨＱの命令により、航空機の研究や生産だけでなく、民間航空会社の設立・運営も禁止されていたが、一九五一年から民間航空が再開された。東京―神戸間の高速道路や中央高速道路の建設計画も発表されていた。たしかに、東京、横浜、名古屋、大阪、神戸といった臨海工業地帯を含む東海道沿線には、全国総人口の四割が住み、工業生産額では日本の総生産額の七割を占めるメガロポリスを形成していた。

東海道線は他線に先駆けて輸送力増強が図られ、一九五六年には全線が電化されていた。狭軌複線鉄道で列車の本数も増やしていた。例えば、特急「つばめ」「はと」は最高時速九五キロ（平均時速は七四キロ）で、東京―大阪間を七時間半で走る世界で最も高い効率の電車ともいわれていた。

それでも、人口の大都市集中と経済の急速な発展によって予想を超え、輸送力の限界があきらかとなってきていたのである。

一九五七年七月二日の時の要請に続き、九月には、十《そ》河信二《ごうしんじ》国鉄総裁がこうした現状を踏まえて、中村三之丞運輸大臣に対して、暗に広軌の別線を望む申し入れをした。

「戦前にスタートした広軌新幹線を下まわるような輸送力の増強計画では間に合わない。国鉄が本来の使命を遂行できるようご援助願いたい」

十一月二十二日、第五回国鉄幹線調査会において、大蔵調査会長が運輸大臣に対して答申を行い認められた。

「東海道に新規路線を建設する必要あり、かつ輸送の行き詰まりの時期と、建設に必要な機関とを考慮するとき、それが着手は喫緊のことであると認とむ」

この間、さまざまな計画案があって議論は沸騰した。狭軌の複々線、狭軌別線、広軌一〇駅、広軌二二駅、広軌電鉄（旅客専用）などである。

結局は、現状の日本の鉄道とは最も遠い位置にある革新的な広軌別線の一二駅案で、現在の新幹線に決まったのであるが、この案は当初、国鉄内ではまったくの少数派であった。現実的ではないと決めつけられていたものだった。

しかも、高速鉄道に比較的熱心な欧州の鉄道関係者からみても異例（画期的）の計画であった。それは、欧州の高速鉄道は既存の線路が広軌であるから、高速鉄道の路線との相互乗り入れが可能であるとの理由もあるので、別線を選択していないからだった。

その点においても、日本の新幹線は東京―大阪間を最高時速二一〇キロ、平均時速一七一・七五キロを三時間で走る世界一の高速鉄道であり、欧米に倣うものではない思いきった決断であった。この選択は、島が周到に準備してきた動力分散方式による電車化と併せて、日本ならではの独自路線であることが大いに注目され評価されるべき点だったといえよう。

〝島ドクトリン〟

この案はまさしく〝島構想〟〝島ドクトリン〟とも呼ばれて、戦前の計画である弾丸列車時代から島秀《しまひで》雄《お》が長く一貫して抱き続けてきた目指すべき目標だった。

限界に達した東海道線の輸送力を一挙に増大するには、中途半端で妥協的な計画では意味を成さない。自動車と同じように従来のロースピードレーンの一般道路としての既成の狭軌線と分離したハイスピードレーンの高速道路としての広軌別線を新たに建設して、高速走行の電車専用にすべきだというのである。

この新幹線計画の実現に向けての研究テーマは、主要な項目だけでも一七三、そのほか細かいものも合わせると三〇〇種類以上にものぼった。それらのテーマに対して、三年前に技師長に就任していた島は思いきった決断を下し、周囲の予想を超える巨額の研究予算を投入して技術面の拡充を図ろうとしたのである。

その中で、例の高速走行時に列車が受ける空気抵抗の問題は、車両設計の最も基本となる主電動機の出力を決めるにあたって、大きなファクターとなるので、早急に決めておく必要があった。列車は抵抗に打ち勝ってスピードを上げるわけだが、その値は速度のほぼ二乗に比例するので、高速になるほどさらに何倍にもなるからだ。

空気抵抗や風圧に関する研究開発すべき項目として主に、(1)高速車両が受ける空気力、(2)高速列車用トンネルの空気力学的問題、(3)高速列車にかかる風圧、(4)列車すれ違い時の風圧などがあった。これらの技術は従来の鉄道技術というよりも、航空機開発時に不可欠となる空力的な技術課題であった。

アルミ合金の車両

すでに紹介したが、新幹線計画が実現に至るまでには、鉄研が主催して銀座の山葉ホールで開かれ、ジャーナリズムに大きく取り上げられて話題となった「東京―大阪間　三時間への可能性」の講演会があった。

そのときの講演では、先の鉄研の三木《みき》忠直《ただなお》は車両構造研究室長として、「車両について」と題する、かねてから持論としていた車両の流線形化や軽量化について講演していた。

かつて三木が活躍していた海軍航空技術廠では、常に背伸びするチャレンジングな姿勢が求められていた。それが日進月歩の兵器としての軍用機開発のあるべき基本姿勢であり心構えだった。

総括主任として手掛けた陸上爆撃機「銀河」の開発では、「基本性能たる速度、航続距離、高度の各世界記録を上回るものを、空飛ぶ実験室にしようとの考え」で臨んでいた。そんな気構えが当然として設計してきた彼は、鉄道を「高速にするため軽くしようと思えば、飛行機のように鋼にくらべ三分の一も軽い軽合金（アルミ合金）を用い、飛行機と同じようなモノコック構造に」すべきであるとのかねてからの持論を、このときも大っぴらに力説したのである。

これと併せて先頭形状を決める際にも、まず理論式を立ててから、数分の一の各種車両の模型を使って風洞試験をし、それらの空気抵抗を計測して比較したのち、計算式を確立する方式を提案していた。飛行機屋である三木からすれば、こうした手順を踏んでのやり方は航空機開発では当然のことだったからだ。

それに比べて車両屋（鉄道屋）は例によって、これまでの実績に基づく経験や勘に重きを置く手法であるから、三木からすればそんな姿勢はあまりにも慎重すぎて、じれったくて仕方がなかった。

彼が提唱したモノコック構造とは、強度を支えるための骨組み（鉄骨）をもたずとも十分堅牢にできる車両の構造を指している。車両下部の台枠だけをことさら強固にする構造形式ではなく、側面や天井にも強度をもたせる飛行機と同様の卵の殻のような「張殻構造」である。

車両は板材をコの字型などに折り曲げてこれを骨にして裏表にパネルを張り合わせることで軽量化すると同時に強度を十分に確保することができる。日本のバスや自動車にも一九五〇年代後半ともなるとこの構造が採用されることになる。

だが、三木が力説した軽合金の提案は研究不足であった。何しろ航空機と鉄道とでは使用環境に違いがある。このため腐食の問題や表面が傷ついたり、鉄と異種金属が接触することから発生する腐食が進行したりするし、溶接の技術も追いついていなかった。

軍用機などと違って三、四〇年もの長きにわたって使う車両を、アルミ合金材でモノコック構造とするにはまだまだ基礎的な研究や改良を重ねる必要があったのである。

この時より一〇年ほど前のことだった。陸海軍が航空機の生産用材料としてストックしていたジュラルミンが、敗戦によって使い道がなくなり、かなりの量が余って国鉄にも払い下げられた。島はこれを使って、63形の電車の車体をジュラルミン製で実際につくってみた。ところが、このジュラルミンにはわずかながら銅が入っていて、それが使っているうちに腐食してくるため、鉄道の車体には不向きであることがわかって失敗していた。

工作局としてはそのような経験があるだけに、ただでさえ新しい技術の導入には慎重だった。特に拙速な採用には極めて否定的な姿勢の島としては、アルミ合金の使用はまだ時期尚早と見ていた。まだ基礎的な研究を積み重ねる必要があるとの判断だったのである。

こうした慎重姿勢の島に対して、三木は強い不満を抱いていた。

「島さんも、研究所や僕たちがすることにそう賛成じゃなかったんじゃないかな。例えばあの台車試験装置をやる時だって、島さんのところに持っていってもすんなり認可になるかどうか分からんと考えて」いたし、「当時、一五〇ｋｍ／ｈから二〇〇ｋｍ／ｈぐらい出る台車試験装置をつくったんです。だけど研究所としちゃ、ずいぶん島さんにブレーキ掛けられたことは事実なんですよ」と語っていた。

三木は鉄研に来た昭和二〇年の頃から、「航空機の機体では当たり前のアルミ合金によるモノコック構造を鉄道車両に採用したい」というのが持論で、極めて熱心だった。「アルミ合金でやりたかったんですけれど、その当時は値段が高いということで採用されなかった。今は『のぞみ』（３００系）でもなんでもみんな軽合金車体になっちゃったけど」

　だが三木が指摘するアルミ合金の値段が高いことだけが、不採用の理由ではなかった。先のように、０系の頃のアルミ合金の溶接性や溶接技術が十分ではなく、信頼性に不安があったことも事実であった。

　このあたりが、鉄道技術者と航空技術者の新しい技術の導入に対する姿勢の違いだった。

　新幹線の車両においてアルミ合金が初めて使われるのは、０系の車両開発から二八年後に開業した東北・上越新幹線の量産車両からである。

　だがこのときはまだ初歩的な段階であった。アルミ合金の特質を生かした車両構造や全面的に溶接を採用して、真の意味で本格化するのは「のぞみ」以降だった。その点においてもまた、他の業界と比べて鉄道屋は新しい技術の採用には慎重で保守的だった。

　このように、三木のアルミ合金による軽量化の提唱は時期尚早であった。鉄道屋から見れば、またもこの分野に素人の飛行機屋が、さも「航空機技術の方が進んでいる」と物知りげに諭す講演にはいささか反発を覚え、冷ややかな反応だった。

　０系車両が登場してのちのことになるが、島は世界における鉄道と航空機との両技術の関係について見極めつつ、次のように述べている。

「いまアメリカの状態を見ますと、宇宙とか航空関係の工業や、ＮＡＳＡ（米航空宇宙局）のようなところが、予算を締められて、押し出されたほうの人が頭に立って（鉄道関係の）仕事をやっておりますから、何だか鉄道的な経験を無視したような仕事が多いんです。だから相当はなばなしく出発したけれども、やってみるとうまく行かないというのが非常に多いように思いますね。（中略）

　経験に加えるに新しい知識ということで進めた日本のやった方法のほうがよろしいんではないですかね。古風な奴がやっていることなんて、お話にならない。ポンと鎧袖一触《がいしゅういっしょく》で、まったく新しい型をやってみ

ると、何かゴタゴタして、うまく行かない。（中略）
　アメリカでもカナダでも飛行機会社のつくった車両はずいぶんありますが、そういうものは、あまりうまくいっていませんね。（中略）
（技術の）部分、部分はよいかも知れないが、包括したコンセプションとしては、間違っているんだろうと思っているのですがね」（『源流を求めて』）
　でもモノコック構造についてはよく「卵の殻のように薄くて軽くて丈夫」な張殻構造とのたとえがよく用いられた。欧米で導入されだしていることもあって、一九九〇年代に登場する新世代の新幹線車両に取り入れられることになる。

0系新幹線の系譜

さらには、0系新幹線の設計に着手する以前に登場していた狭軌ながら0系に連なる戦後の動力分散方式の高速電車の系譜からの継承もあった。それは軽量化およびデザインも考慮してつくられたカラフルで斬新なスタイルだったからだ。

　そのスタートはよく知られているが、島が開発を強力に推進して一九五〇年に登場した湘南電車である。次は、「東京―大阪間　三時間への可能性」の講演と前後して完成した小田急電鉄の「ロマンスカー」の「スーパーエキスプレス」（SE車）である。一九五七年九月に試験走行が行われて時速一四五キロを記録した。

　この速度は当時、狭軌鉄道の世界最高記録で大いに注目を集めた。試験運転は国鉄の函南《かんなみ》―沼津間の線路において、小田急と国鉄の混成チームで行われた。そればかりか、SE車は三木が持論としてきた車両のデザインコンセプトに共鳴した小田急側の強い要請で進められた。私鉄の車両ながら、「国鉄の技術向上にも大いに役立つ」との島の判断と承認と併せて十河総裁からも承認を得ていた。

大局的な見地に立って島はこの判断を下したのである。お役所の一組織である鉄研が、私鉄の車両開発および実験に全面的に協力するのは極めて異例のことである。だが、島には「国鉄の技術向上に役立つ」とは別の狙いもあった。

「日本においてこれからの時代は電車である」との強い信念を持ち続けてきた島は、「国鉄内にも反対論者が多い電車がいかに高性能で高速性も約束するものであるかを大いにＰＲできる格好の材料としてＳＥ車を捉えていた」と語った。

そのためにこの機会を利用しようとしていたのである。

この車両は先の三木が中心となって基本設計をまとめあげた。集客と利益がなにより重視される私鉄の車両である。しかも元飛行機屋が基本設計しただけに、先頭車両はそれまでになく派手で人目を惹いた。流線形のスマートな外観デザインや派手なオレンジとグレーのツートンカラーの外観塗装は、この時代の日本人に驚きを与えて大成功だった。

そんな斬新な車両をマスコミが見逃すはずもなく、大々的に取り上げてくれたから、なおさら広く知れわたることになった。

鉄道屋と飛行機屋の発想の違い

このように島は国鉄と私鉄の垣根を超えて高所から判断して、小田急の「ロマンスカー」への協力をＯＫした。だが国鉄内では車両を設計する工作局と鉄研との関係が、昭和二十年代の初めからぎくしゃくしていた。

一つには、どの分野にでもありがちな設計技術者と研究者との間の反目だった。技術者からみれば「研究者は実際的な技術や現場を知らず、現実には役立たない研究のための研究を自己満足のようにやっている」と決めつける。逆に研究者からみれば「技術者は現実にベッタリで目先のことにばかり終始していて飛躍や夢がない」と互いを批判し合う。

しかし、工作局車両設計の技術者と鉄研の航空出身の研究者（技術者）との間にある齟齬は、それ以外の要素も加わっていた。すでに「高速台車振動研究会」の記述において指摘したように、鉄道屋と飛行機屋の気質や技術開発に対する姿勢、新しい技術に対する考え方など技術哲学や肌合いの相違だった。

このため、折り合いがつかず、両者の協力体制はうまく成立していなかった。同じ国鉄内の一部門とはいえ、昭和三十年代に入っても、両組織は別会社のようであった。鉄研の考え方や手法にもとづく研究成果は、車両を設計する工作局にはわずかしか浸透しなかった。工作局側からすれば、相手にはせず、流線形や軽量化、派手なカラーリングの車体にも抵抗があった。

先の講演会における三木の手法をおおまかにいえば、すでに述べたように、次のとおりである。飛行機の設計屋（研究者）は何事も理論が先である。まずは開発すべき航空機に必要な理論的計算式を立てて、そのあと縮小模型を使っての風洞実験などを行って確認し裏付けてから、ものごとを進めていくやり方である。しかも、航空機は最先端技術を駆使しており、鉄道よりも進んでいるとの自負や認識が根底にある。

これに対して〝安全第一〟の鉄道屋は、実績を重んじる経験工学の手法だっただけに新技術の取り入れに慎重で、しかも理論面は強くなかった。

だが、昭和三十年代の半ば近くになってくると、取り巻く状況がかなり変わってきた。広軌新幹線の計画などが取り沙汰され、欧米からは、二〇〇キロを超す車両実験に成功したといったニュースが報じられるようになってきた。このため、両者の関係も変わってこざるを得なくなったのである。

電車を高速化するためには技術をより高度化しなければならない。となると、鉄道屋もこれまでの自分たちの技術や経験に固執ばかりしていては飛躍ができない。新しい技術を取り入れての挑戦が必要である。両者の知恵と技術と経験が合体し協力し合うことが求められるようになってきたのである。

カラフルな電車の出現

ほぼ同じ時期、国鉄本社の車両設計事務所では、ＳＥ車と並行して高性能電車の設計が進められていた。ＳＥ車の世界最高記録達成から一カ月後の十月三十日、完成したモハ90形（１０１系電車の前身）が大船—茅ヶ崎間で速度試験を実施した。時速一三五キロを記録したのである。

このときのモハ90は、日本の鉄道では「画期的」と言われた湘南電車も手がけた工作局客貨車課の星《ほし》晃《あきら》が、橋本正一課長の下で設計していた。その星は語る。「モハ90は赤い（オレンジ）電車といわれた中央線用に作られたもので、国鉄にとって高性能電車の先陣を切ったものです」

国鉄内では「新性能車」第一号といわれるモハ90の先頭形状も後続の車両も従来と同じ四角で流線形ではなかった。「ＳＥ車のように最初からスピード記録を狙ったものではなかった」ので、モーターもあり合わせのものだった。だが重要なことは、そうであっても狭軌の世界最高速度に近いスピードを出した事実だった。

まだ、国鉄内でも電車に対する評価が低かっただけに、モハ90は高速性を内外にアピールする上では大きな意味合いをもった。また、「技術的な自信を深めることもできた」と星は語る。

利用者にとっては、その明るいオレンジバーミリオンの色が衝撃的だった。これまでくすんだ色ばかりだった国鉄の車体イメージを一新して新鮮さをアピールした。星によれば、「東京の大都会を走るのに相応しいカラー」として思いきって採用したのだった。

まさしく星は、国鉄において電車を将来の主流とすることを目指している島の下にあって、その意を汲みつつ能力を十分に発揮していたのである。

そんな星を、島は「ぼくが一といえば十を知った男」と賞賛し信頼していた。その星は、0系新幹線のさらなる系譜として、客車特急「あさかぜ」とビジネス特急「こだま」を挙げた。

昭和三十一（一九五六）年十一月十九日、東海道線が全線電化されたことで、東京―博多間を走る客車特急「あさかぜ」が誕生した。のちに、車体をブルーに塗装した寝台急行として登場し、「ブルートレイン」と呼ばれることになる。その名の響きとともに独特の旅の思い出を残す列車として親しまれることになる。

昭和三十三（一九五八）年十一月一日に出発式が行われたビジネス特急「こだま」は、それまで新幹線計画に批判的だった勢力の考えを大きく変える流れをつくった。東京―神戸間を六時間五〇分で走り、東海道本線を初めて通しで走る電車でもあった。

車両には星がスイスなどで学んできた軽量化設計が取り入れられていた。台車には新開発の空気バネを、さらには小型・高性能のモーターなどさまざまな新技術が盛り込まれていて高性能を発揮した。

これまで国鉄内では高速なのに「軽い車体だと脱線しやすくなる」といった電車特急に対する不信感もあった。ところがむしろ、「軽い車体になったことでスタートの加速性や停止、さらには上り坂においてもエネルギー効率がよいことを立証して、懸念を払拭するのに大きな役割をはたした」と星は強調する。

その意味でも、新幹線へと繋ぐ役割を担ったのである。しかも、「こだま」はこれまでの国鉄の四角の車両デザインを一新するようなスピード感を感じさせる流線形の先頭形状を採用していた。車両の屋根が低くて丸みを帯びていて低重心化を図っていた。

先頭車両の運転台は高くて見通しがよくなっているので運転士には好評だった。ボンネットには特急マークを、電照式の愛称名表示器もつけていた。塗装は少し赤みがかったクリーム色に窓の周りは深紅色の帯状のラインが走っていて斬新なスタイルだった。

星は「こだま」のデザインについても語っている。

「これまでの日本にはないものを目指そうと思った。欧米の車両を真似するのはしゃくだから、車両のインダストリアルデザインを勉強していた仲間や車両メーカーのデザイナーも含めて議論しながら決めていった」

利用者からみても、保守的だった国鉄に対する先入観を一新するようなデザインだったので、これまたマスコミがいっせいに取り上げて大人気となった。観光客が殺到して前売りを買い占めたため、念頭に置いていた肝心のビジネス客が切符を買えず、苦情が数多く国鉄に寄せられるほどだった。もちろん、営業成績も予想を上回り、乗車率は九〇パーセントを超えていた。

旅客機を強く意識して

一九五八年十二月、新幹線計画は閣議の決定を取りつけたことで建設がスタートすることになった。よくいわれることだが、「新幹線というのは車両だけを指すのではない。巨大なシステムの総称であって、土木や建築、車両、電力、信号、通信、コンピュータ、人間科学などあらゆる高度技術が整合されたハードとソフトの完結したものである」

ここでは、その中で主に車両の設計およびデザインについてスポットを当てることにする。同年四月、国鉄内に車両設計事務所が発足して新幹線車両の設計のすべてを担当した。これに鉄研が理論研究や実験テストなどの面において協力する体制とした。さらに、国鉄と緊密な関係にあって実際の車両を受注して製造する車両メーカーの日本車輛製造、汽車会社、近畿車輛、日立製作所なども協力した。

車両設計事務所長は工作局長の細川泉一郎が所長を兼務し、実際の車両設計は新幹線グループ長の加藤一郎次長が手がけた。のちには石沢応彦が引き継ぐことになる。

当初は次長以下わずか五人の少人数で、その中には、一九五五年四月、父と同じく東大機械工学科を卒業して国鉄入りした島秀雄の次男の隆《たかし》がいた。このあと、隆は主に新幹線の台車の設計と、そのまとめの仕事を担当することになる。

計画の進行とともに人数は次第に増えて、新幹線の開業の頃には総勢三十数名に膨らんでいた。電気車グループの星は主任技師として、のちに客車グループの次長として車両の設計をまとめた。

先頭形状は、運転席の配置やノーズ内におさまる装置機器の配置といった構造的あるいは機能面、人間工学的な点から大枠のところが決まってくる。でも、旅客機のような曲線をもつスタイリッシュな外観形状にするには、やはり意図した好みのデザイン的な気配りも必要である。

それについて星は「先頭形状やデザインについては島さんと二人で決めたようなものです。この頃は初めてのことですから、どう決めてもいいという感じでした」といとも簡単に言ってのけた。たしかに車両設計部の責任者である星は、車両の設計およびデザイン全般についての最終的な決定を下す役割を担っている。

また「あの頃は高速ということで、みんな飛行機のイメージをもっていたから、その影響は大いにありました。もちろん、風洞試験は何度もやったが、空気の抵抗を少なくするための空気力学的な配慮をすると、高速のものはみんなあのような形になるんだよ」

やや大雑把な言い方だが、この言葉はあきらかに航空機を念頭に置いていたことを吐露している。新幹線の開発に直接タッチした関係者らも、やはり同様のことを口にしている。

「航空機を強く意識したのでその影響があることは確かです」

０系車両の風洞実験

星が述べる０系新幹線の具体的な先頭形状の模型づくりや風洞試験による空気抵抗などの計測および解析について、実際に担当した鉄研車両構造研究室の田中眞一が語ってくれた。田中は先の三木忠直の部下として新幹線０系の先頭形状をつくり上げた研究者である。

でも新幹線車両の計画より二年ほど前の昭和三十二（一九五七）年五月に開かれた先の山葉ホールの講演会において、三木が発表した「東京―大阪間を三時間で走る」の根拠となる実験において、すでに流線形の先頭形状の模型づくりや風洞試験が行われていたのだった。

このとき、まず最初に戦後初の電車で、昭和二十五（一九五〇）年に開業した東京―平塚間を走る湘南電車の車両の先頭形状の模型をつくった。さらには、西ドイツのＴＥＥであるグリーダー・ツークをモデイファイした丸っこい先頭形状の模型もつくった。加えてその先頭部をもっと細長くした模型もつくった。これは一九五二年に就航して、当時、その流線形の美しさに誰もがほれぼれとした世界初のジェット旅客機、英デ・ハビランド社製「コメット」機を参考にした先頭形状の模型もつくっていた。

「これらを風洞試験して空気抵抗を計測してみると、グリーダー・ツーク型は湘南電車型の約四〇パーセントでしかなかった。さらにコメット型となると約三七パーセントだったのです。このグリーダー・ツーク型の足元の台車部分に覆い（スカート）を付けたのが、後の小田急電車のＳＥ型の原型となったのです」

０系新幹線車両の先頭形状のモデル（模型）作りは一九五七年ごろから始められた。

「三木さんから『参考になりそうな写真をたくさん集めろ』と指示されて、例えば、鉄道と同じく地上を走る外国のクルマのレーシングカーとか、戦前の航空機、例えば三木さんが海軍時代に設計された爆撃機『銀河』ほかいろいろです。それに、鉄研にある諸外国の流線形した鉄道車両などの写真も集めました。

でも新幹線のスピードは二〇〇キロですから、そうなるとこれらは見劣りするし、参考にはなりませんでした」

最終的に参考としたのは、登場して間もないジェット旅客機だった。となると、その最高速度は0系新幹線の五倍近くもある。

「最初は先のコメット機を参考にしましたが、最終的には一九五九年に就航したダグラスDC8ジェット旅客機に決めました。これをモディファイして何度か粘土模型を作るとともに、それを二次元の図面にする。そのあと今度は美術粘土で四〇分の一に縮小した模型を数種類作る作業を繰り返したのです。

でも、飛行機と違って新幹線の場合は進行方向が逆になる場合もあるので、最後尾になったときの特性も踏まえて形状を決定しなければならない。それを両立させることがなかなか難しかった。さらには、まわりがすべて空気の空中を飛ぶ航空機と違って鉄道の場合、下は線路の地上ですから、床下に空気が入らないようにする必要もあったからです」

こうした経過を経て作り上げられた実際の0系車両は、田中らが作ったDC8をモディファイした先頭の部分をやや縮め、かつその断面を少しばかり円形状にした形にして完成としたのである。

それと同時に、ビジネス特急「こだま」の先頭車両の風洞実験も行っていた。だが、「こだま」と新幹線の大きな違いは最高時速だった。後者が前者を約一〇〇キロも上回る二〇〇キロ超である。このため速度のほぼ二乗で増してくる空気抵抗をいかに少なくするかが大きな課題だった。加えて、広軌になったことで、それだけ車体の正面面積が増えるが、その分、空気抵抗も大きくなることはいうまでもない。

まずは、「こだま」よりもさらに流線形にする必要があることから、先頭をやや尖った形状とすることは自明だった。

星は「0系は『こだま』より高速ですから、先頭形状をもっと絞る必要があって、そうしていくとおのずと0系の形になるのです」と語る。

こうした一連の先頭形状を決めていく過程での鉄研内での実際の議論についても田中は語った。

「四〇分の一の粘土の模型ができると、鉄研内で新幹線に関する各研究室グループの室長が頻繁に集まって、所長を前にしてみんなで議論をするんです。すると集中砲火を浴びて、もうちょっとこうしろとか、ああしろとか厳しい指摘がでてかなり形を変えられてしまうのです」

〝夢の超特急〟と期待される新幹線だけに、他の研究室グループ室長もなにかとうるさくて一家言があるので無視はできないのである。

すぐさま模型も図面も変えて、作り直してまた議論を繰り返すことが何度か続いた。このときの議論の共通ベースになる考え方の第一は安全だった。さらには車両の安定性そして、実際に営業運転したときのことを念頭においてのやり取りがなされた。振動や強度、信号、架線などの専門家がそれぞれの立場から問題点を指摘するのだった。

こうした過程を経て練り上げられた模型を基にして、最終的には一〇分の一の風洞試験用の模型を作った。この模型を、東京大学駒場にある理工学研究所の三メートル風洞を使って試験を行い、データを取っていった。当時、鉄研には風洞試験の設備がなかったからだ。

ここでは主にロケットの研究が行われていた。それと併わせて、戦後初の国産旅客機ＹＳ―11や水上艇などの風洞試験も進めている最中だった。「となるとどうしても、これらが優先されるのと同時にスケジュールはめいっぱいで設備が空いているときがないのです。このため、本当ならば休みとなるお盆や年末年始を使ってやってもらいました」と田中はその頃の苦労を語る。

車両の模型を風洞内につり下げたり支えのストラットで固定したりして、前方の巨大な送風機によって高速の空気流を送り込んでやるのである。

田中がタッチする以前の初期段階は、本郷にある風洞で四〇分の一模型を使ってやったこともあった。このようにスケジュールがいっぱいながら割り込ませてもらえたのは、この風洞試験設備を建設するとき、資材不足で困っていた東大の航空研究所へ、鉄研が持っていた鉄骨を分けてあげた縁があったからだったという。

模型は粘土から同じ形の木の模型を作る。このとき三木は戦前、横須賀の海軍航空技術廠時代に依頼していた模型作り専門の工務店が逗子にあって、そこで作ってもらった。戦前からの職人が残っていたからだ。

この木型の材料だが、戦前に陸海軍が共同で設立した中央航空研究所が東京三鷹にあって、そこに、軍用機のプロペラに使われる十分に乾燥させた高級なマホガニー材が残っていた。これをもらい受けたのだった。

「風洞試験では、先頭形状を煮詰めていくことはもちろんだが、空気抵抗、境界層、列車すれ違いのときの影響およびその間隔（線路間隔）はどのくらいにすべきか。列車の断面形状、横風を受けたときの転覆の可能性について、進行方向が逆になったときの空気抵抗の影響や横揺れなどさまざまな要素についてデータをとり解析していきました」と三木は語る。

だが５００系などで行ったトンネル内を列車が通過するときの空気抵抗などの影響については、当時の風洞設備では技術的に難しくてできるものではなかった。またコンピュータによるシミュレーション技術などは存在しなかったので十分な試験をすることはできなかったという。

また車両の外観デザインといったことは鉄研の分掌ではないので、純技術的な観点からの理屈で詰めていったのだった。

翼なき航空機

鉄研内でのさまざまな角度からの検討と風洞試験による実験によって、適正な先頭形状を煮詰めたことで、車両設計にその模型と図面を渡すことになった。もちろん、これをもって田中らの役割が終わったわけではなかった。その後の設計そして試験車両の運転試験においても引き続き研究を進めていくことになる。

このあと星らの車両設計事務所電気車グループで、実際の車両設計が進められることになった。そこには、かつて鉄研で三木らと同じ研究室にいた高林盛久らもいた。彼らが具体的な設計を進めていったが、鉄研が煮詰めた先頭形状はやや修正されることになる。星は語っている。

「基本的な流れとして０系新幹線の車両は『こだま』で確立したスタイルを引き継いでいることはいうまでもありません」

たしかに「こだま」は従来の列車より高速なので、できるだけ運転席を高い位置に置くことで、運転士の前方の見通しが良くなって踏切事故をなくせるので安心感を与えることができた。その結果、『こだま』の運転士は『蒸気機関車の座席位置より高い』といって得意がっていた」と星は語る。

だが、近い距離の線路や枕木が超高速で足元へと吸い込まれていくのをずうっと見続けていると目も神経も疲れてくるのである。あえて見えないようにするため、窓枠の位置をやや上にあげて手前の視野をカットしたのだった。

運転席の前に突き出したノーズの長さも、「こだま」を踏襲して長くとったので、これも運転手の手前の視界をカットするのに役立っていた。今にいう人間工学的あるいは労働科学の観点から、人間の生理や行動原理に合った設計をすることで、運転する側も乗客も疲れにくく、しかも乗り心地もよく安全であることを目指した。

日本においてはちょうど「こだま」や新幹線を設計する昭和三十年代半ば頃から、こうした人間工学といった科学が少しばかり導入されることになった。形や色、配置などのインダストリアルデザインにも大きな影響を与えることになるのである。

さらには、０系の先頭形状も最近の５００系や７００系のようにノーズの長さをもっと細長くすることもできた。だが運転席を含めた先頭部分の寸法制限を決めていたことや、長くすればそれだけ座席数を減らしてその分、採算性が悪くなるので、その考えは採用しなかった。こうした点について田中は語った。

「私たちが作り上げた形状よりもやや先を尖らせたことと、先頭形状が少し長すぎて重量バランスが悪いことや、ボンネット内に空洞ができてしまうのはもったいないということでやや長さを縮めたのです」

さらに、「こだま」にあった車両の外側の突起物をすべて内部に取り込み、引っ込み部分もなくす設計にした。代表する一例を挙げれば、屋根の上に出っ張っていたかなり大きな空調装置を屋根の下に収めたことなどである。また、車両の連結部の外側には幌を設けて空気の流れを滑らかにし、同じ効果から床下の側面もスカートで覆った。

当初、車両の正面下部に取り付けるスカートは先頭車両の曲線に合わせて、手前下に潜り込んだ位置で流線形にして取り付けた。ところが不都合が生じることがわかった。もし、走行中に人や障害物が飛び込んだとき、巻き込んで脱線につながる恐れがあるのだ。

さらに、高速になるにしたがい増してくる空気抵抗によって揚力がはたらいて車体を持ち上げる方向の力が増すことになる。するとその分だけ車輪とレールとの粘着力が減少して、車体の不安定さを増す一因にもなるのでこれは取り止めた。こうした一連の考え方や工夫については、基本的に今日の新幹線車両にも生かされている。

それに、時速二〇〇キロともなると、線路上の障害物をはねとばすときの衝撃力は相当なものであることがわかった。このため、代わって分厚い鉄板で作ったスカートを少し斜め前方に突き出して八の字型に取り付けることにした。

もしこれらのスカートを除き、やや離れた距離から列車全体を眺めると葉巻型というか、それとも旅客機からすべての翼を取り除いた胴体と似た形をしている。これが、新幹線の車両を称して「翼なき旅客機」と言われるゆえんである。

「マーチン２０２」

ライバルは旅客機

ところで、田中や星も含めて新幹線車両の開発にかかわった関係者らがいちように口にしているように、先頭形状を決める上でベースになった当時の航空機について少し触れておきたい。

新幹線の車両を計画しはじめた頃に、世界の空および日本の空を飛んでいた日本航空や全日空の旅客機あるいは軍用機に着目して０系の先頭形状と見比べてみよう。

大まかに見て、当時の旅客機はどれもよく似た先頭形状だった。違いはといえば、胴体が太いか細いかによってノーズの先端がやや尖り気味か、それとも丸目になっているかである。あるいは操縦席の前方のガラス窓（風防）を基準として、その位置よりノーズが長めに突き出ているか、それとも短めかといった程度なのである。

新幹線を計画した時代の旅客機の主流はプロペラ式のターボプロップ機である。その中でも、すでに登場して久しい米マーチン２０２、米コンベア２

40などともよく似ている。

一九五二年五月、世界初のジェット旅客機の英デ・ハビランド社製「コメット」が登場して世界の注目を集めた。その後を追って米ボーイングがB707を、米ダグラスがDC8を登場させた。こうした大型のジェット旅客機が主流となる時代が到来するのだが、田中が語ったように、0系の先頭形状は、これらの先頭形状とよく似ている。

しかも、これら旅客機のなかには先端部分に塗装で黒丸の円を描いているものもあって、これまた0系と同じである。

ただし、0系の運転席前の窓ガラスの傾斜角度であるが、これまた田中の話のとおりターボプロップ機よりも速度が速いジェット旅客機とほぼ同じなのである。この傾斜角度は速度が速くなるほどより大きくなる（寝てくる）のが普通である。ところが0系新幹線の最高時速は二〇〇キロでしかない。ジェット旅客機B707となると約九六〇キロで、六四〇キロのターボプロップ機を上回っている。

この時代の軍用機に目をむけると、米ソにおいては超音速機が実戦配備されて目覚ましい進歩を示していた。一九六〇年頃には日本の自衛隊にもマッハ二を誇る最新鋭の超音速戦闘機、ロッキード製F104が導入された。だが、世界各国の軍用機の先頭形状はバラエティーに富んでいて独特のフォルムをしているものもある。

宇宙開発では、米ソが国家の面子をかけて先を争うようにして人工衛星の打ち上げそして有人飛行へと突き進む新しい〝宇宙開発の時代〟が到来していた。このように航空宇宙分野における進歩が目覚ましく、人々の関心を強く惹きつけていた。より巨大化してパワーおよび性能を増した新型の航空機が登場するたびに世界が注目した。

そうした時代背景のなかで新幹線の計画を進めていた鉄道屋の面々が、ライバルとして航空機を強く意識しても当然だったのである。これまでの「鉄道はスピードが遅い、鈍重だ、時代遅れだ」といったイメージをこの新幹線でもって払拭して見返したいとの強い思いがあったからだ。

新幹線を計画した頃「鉄道は斜陽」とか「長距離は旅客機」「国鉄は航空機と競争するために無駄な投資をする。それよりも混雑緩和に金を使え」といった見方や批判が強いこともあったからだ。

カラーリングも白に一新

このため、先頭形状を航空機に似せてスピード感を演出するだけではなかった。これまでの鉄道のイメージを一新するデザインと目新しさを感じる外観塗装のカラーを採用しようとも目論んでいた。星は語る。

「みんな飛行機のイメージを持っていたからね。それで、外観の塗装も白と青でいこうとなった。やりたかったんだよ、みんな」

これまで国鉄内では、車両の塗装色に白を使うことは御法度だった。「確かに見栄えはいいが、運行すると鉄粉がついたりスモッグや雨ですぐに汚れが目立つことになるので頻繁に洗浄をしなければならない。それでは手間がかかる」として避けられていたのだった。

でも既存の列車と違って新幹線は発電ブレーキが主であり、鉄粉の出が極めて少ないのが大きな理由の一つだったので、「一番汚れない電車を作ろう。ならば白を使おう」となった。

でも「高速性をアピールしたいこと」と「最大の競争相手である旅客機に見劣りしないこと」「汚れない電車が最優先」されたのだ。航空機時代の到来を強く意識することでカラーリングに対する考え方も変えざるを得なくなっていた。

それに、国鉄や私鉄の特急電車には、人目を惹きがちな赤系統がすでに使われだしていて、思い切ったカラーでなければ新鮮さが感じられないこともあった。

このため、星は銀座にある天賞堂のショーウインドウに展示してあるというパン・アメリカン航空の旅客機の模型を見に行ったという。もちろん、白と青の配色だった。

こうした新幹線の車体のカラーリングを決めるにあたっては車両設計事務所内に意匠標準化委員会があって論議した。そこには設計屋だけでなく、事務屋や土木屋、電気屋なども集まった。みんな日本だけでなく世界からも注目を集めることになる新幹線の車両のカラーをどうするかについては一家言あった。いろいろ言いたいとの思いもあるので、かなり時間をかけて議論して決めたのだった。

このとき最終段階で、手許に置いたタバコの「ハイライト」の白と青のパッケージを眺めながら、「この線で行こう」と彼ら幹部によって決めたという。具体的な塗料や顔料、また細部については星ら担当者が詰めていき、外観は青とアイボリーホワイトになった。

ただ、白と青をどこの部分にどう配置するかについては、走行中の車両を外から見るとき、周りを白くしても飛び飛びになっている窓のガラスのところはどうしても黒くまだら模様に見えてしまう。このため「窓の部分は濃い色にした方が良い」との島の考えで帯状の濃いブルーとした。たしかに、多くの旅客機もそうなっていた。

先頭形状にこだわった技師長

島は先頭車両の突端と、運転席の正面ガラスに鼻筋を通すことにはこだわっていたと星は語る。これに加えて、突端の丸く縁取りされたプラスチックカバーの内側にライトを入れて「光前頭にして光らせて走らせたい」とも主張したのである。

一般公募で決めることになる新幹線の愛称名は、まだこの時点では募集しておらず、「ひかり」の言葉はなかったはずである。だが島の頭の中には、超高速鉄道を象徴する列車の愛称名として「ひかり」にしたいとの思いがあったのかもしれない。それについて本人はなにも語っていない。このプラスチックカバーの中にライトを入れて光らせながら走らせるのが島の望む新幹線のイメージだったのである。

この件について星は語った。「島さんのご希望どおりにいかなかったのはこの光前頭です。やればよかったが、こればかりは実用上から困難で採用されなかった。この中の先端部分に連結器を入れる必要があったからです」

そのほか、「コンプレッサーを後ろに置くと騒音でお客さんが不快になるといけないので、そのほかの機械装置類も先頭車両の下にもってくるなど、みんな客車チームで勝手に決めました」

もし新幹線が故障して自力運転ができなくなった非常の時に、救援電車と連結して牽引してもらわねばならない。その際に先頭部分に連結器が必要になってくるからだ。

それでも、試作車にはライトが中に入っていて点灯した状態で走らせていた。だが、量産車ではライトと連結器が入れ替わっていた。それでも丸いプラスチックカバーはアクセントとして「格好をつけるのにちょうどいい」としてそのまま残すことになった。

一方、島がこだわっていたと伝えられる運転席の「正面ガラスに鼻筋を通す」ことはどうだったのか。星によるとこれは「島さんが直接におっしゃったことではなく、思っておられることをお察しして私が言ったことなのです」と振り返る。

「窓の形および窓のガラスを曲面ガラスにするのか、それとも平面ガラスかについて、さらには窓ガラスの傾斜角度をどの程度にするのかの議論があって苦心した」と田中も語っている。

これは高速運転における運転士の視野の問題である。先頭形状を決める上でも、窓の視野について鉄研の三木や田中らはかなり議論したという。

「コンピュータ制御が行き届いている今の新幹線車両と違って、当時は運転士が前方を目で見ることをかなり重要視していたので神経を使いました。線路というのは意外とアップダウンがあって、二〇〇キロくらいで走っているとまるでジェットコースターのようで、ダウンするときは浮くような感じになるのです。当時のベテラン運転士も、「二〇〇キロという速度は未経験ですから、最初の頃の試験走行では緊張もしましたし、相当に神経質になりました」

このため、二種類の試験車両が製作され試験走行が繰り返されることになった。曲面の窓ガラスを採用した二両編成のA車両と、二枚の平面ガラスを突き合わせてやや尖らせる配置にした四両編成のB車両の二種類をつくって試験を繰り返した。このほか、三枚ガラスの窓も試した。

「結論は、その頃の技術では曲面ガラスはかなり高くなるということで、安い平面ガラスの方にしようとなったのです」と田中は語る。

星も「二枚の平面ガラスで真ん中に筋を通す方を採用して、両側の曲面ガラスをやめたいとなった。その理由は、当時の製造技術では、曲面ガラスはどうしても歪みを無理に押さえているし、平面だとワイパーが楽になる。たしかに試作車両は曲面ガラスのものもつくりましたが、無理して苦労しなくてもいいとして平面ガラスを採用しました。当時は曲面ガラスの価格がかなり高かったですからね」

二枚の平面ガラスを窓（車両）の中心線で凸型にやや角度をつけて突き合わせて稜線ができるようにすると、「これなら鼻筋も通ってちょうどいいや、島さんのお望みどおりで納得されるだろう」となったと星は語る。

島のこだわりは、彼自身の鼻が高くて鼻筋が通っていたからかもしれない。この考えは湘南電車を設計するときから一貫して島がこだわっていたことだった。

「最近は形が大分変わってきたようで、島さんがいなくなると変わるもんだなあと思いますね。若い人たちはなにか変えたことをやりたいと、例えばドアを少しずらすとかね」と星は語る。

星は最近の流行である複雑な流線形をした先頭車両についても言及した。

「５００系を計画するとき、長い先頭形状で座席数が減ってもカッコイイ方がいいと思うか。また流線形に変えてきたために、例えばＮ７００系にしても、作り方がどうなっているのか、理屈や根拠はあるんでしょうが。ただ、風洞試験に少し頼りすぎているんじゃないかという気もします」

さらに星は先頭形状を変えないフランスやドイツの超高速鉄道と比べながら次のような感想ももらしていた。「若い人たちと雑談をしたときに、日本の車両の先頭形状が一番細長い。彼らから言わせれば、こうでなくちゃいけないというのでしょうが、そんなに作りにくくなってもいいのかという考えがあります。島さんからは作りにくいということについてはずいぶん叱られましたからね。だから、０系は二十数年やっても形はほとんど変わっていません。作りやすい方がいいとして。

ただ日本は新しい形式をやるたびに変えていく。どうしても変えなくちゃいけないのか。またそうしないと三〇〇キロが出ないのか、本当の話がわからない。どうもそのあたりが怪しい。もう少し形を決めるための勉強をした方がいいような気がしますね。確かに、効果があるならばそれはそれでいいのですが」

あきらかに星の新幹線に対する認識は、それまでの国鉄がモットーとする「質実」を基本とした営業速度二一〇キロで走る「ビジネス特急」としての０系の時代の、機能性を重要視する設計思想である。

替わって、一九九〇年代に登場してきた新世代の新幹線車両は、三〇〇キロ台の運行を狙おうとしている。そこにおいてはもう一段も二段も技術的な飛躍が必要だった。新たな次元を目指すべき時代を迎えていて、最先端の航空技術を取り入れた超流線形の先頭形状にする必要性があった。しかもＪＲ各社間および航空路線との競争が一段と激しさを増してきた。となると、速度向上はもちろんのこと、騒音公害や乗り心地も含めた快適性が重要になってくる。「乗ってみたい」と思わせる、美しくてデザイン性に優れた魅力的な車両が求められるようになってきた。別の表現をすれば、「列車に付加価値を付けたホテルのような新幹線車両」となって、新たな新幹線の利用客を掘り起こそうとしているのである。

超高速の母「シーネツェッペリン」

二〇〇八年三月四日、東京文化財研究所は、ベルリンにあるドイツ技術博物館学芸部門に所属する鉄道関係の責任者アルフレッド・ゴットヴァルトを招き、東京で講演会を開いた。その最後において、興味深いエピソードが紹介された。

それは鉄道ファンの間ではよく知られていることだが、一九三一年六月、独ハンブルグのベルケドルフ駅とベルリンのシュパンダウ駅間で、時速二三〇キロの世界最高記録を樹立した「シーネツェッペリン」にまつわることだった。

当時、日本でもこのニュースは報じられた。例えば、ポピュラーなサイエンス誌『科学画報』の一九三一年四月号は、走行中の写真も掲載して概要を伝えていた。

「超高速度の母『流線状型』」と題する記事で、理学博士佐々木達治郎を登場させて空気抵抗についてや専門的なことを語らせている。

その五カ月後には再びシーネツェッペリンを取り上げて、「最高一時間百三十哩！　陸の王者」との外国通信とともに、ややオーバーな迫真の表現で伝えていた。

「伯林《ベルリン》とハンブルグ両市の間に横たわる二条の鉄路の上を、白銀色に輝く葉巻型の怪物が轟然たる音をたてて走った。折柄の初夏の朝日を浴びて野良に働いて居た農夫たちは鍬をなげすてて愕然とそれを眺めた。白銀色の怪物はあっというまたたきのうちに、もう彼方の森へ姿を消していた」

ちょうどこの頃から、すでに紹介したように、世界的に流線形が大流行となってブームを巻き起こしつ

「シーネツェッペリン」

つあった。鉄道や自動車はもちろんのこと、動くこともないさまざまな工業製品や日用品にまでそのフォルムが採用されるのである。

一方、『科学画報』のライバル誌である『科学知識』も負けじとばかりに二カ月後、一九三五年六月号で「流線形車両の話」とする特集号を組んで対抗した。

「機械美の局地にまで発達した機関車を急に空気力学上完全な流線形にすることは、車両限界や運転の便宜上及び構造上困難である」と前置きをしながらも、その可能性について言及している。

「客車連結部の幌を大にして空気の渦巻を発生せしめないようにすること、車体の側を滑らかにすること等により、相当空気抵抗を減ぜられるし、又台車及び車輪の抵抗は客車の全抵抗に対し相当の率を占めているために、これを被ふやうにすれば相当有利である」

このシーネツェッペリンは客席も備えた内燃動車の一両だけだが、特異な姿をしていた。なにしろ、流線形した列車の後部には大きなプロペラ（四枚羽根）が装備されていて、これをＢＭＷ製六〇〇馬力の航空用エンジンで一分間に一四六〇回転させる。その推進力によって走るのである。まるで飛行機の原理と鉄道を合体したような列車である。

開発したのは、一九〇〇年から飛行船の開発・生産を行ってきたことで世界的に有名なドイツのツェッペリン社である。第一次大戦の敗戦によってドイツは飛行船や航空機の研究・製造が禁止された。このため、他の分野に進出して活路を見出す必要があるツェッペリン社において、飛行船の製造を専門としていたフランツ・クルッケンベルク技師がリーダーとなって、このシーネツェッペリンを開発したのである。

飛行船あるいは航空機の技術を鉄道に生かして高速化を模索する一貫として試作されたものだった。列車の全長は二五・八五メートル、高さは二・八メートル、総重量は二〇・三トンである。

この記事の一カ月後、『科学画報』十月号は、「ナチス・ドイツの軽超流線列車　時速百八十（キロ）」と題した記事で、ドイツの最新高速列車について報じたのち、「若し、日本の特急『つばめ』が東京、神戸間五八九・五（キロ）をこの割合で走ったとしたら僅か三時間十八分でかっとばせる。因に現在『つばめ』の所要時間は八時間三十七分である。悠長なものである」と日本の鉄道技術の後れを皮肉った解説も含めて掲載している。

欧州での電車との出会い

一般大衆向けの科学雑誌だけに、扇情的な解説とはいえ、鉄道の世界最高記録というのだから、当然のことに鉄道省の鉄道技術者もこの記事は見逃さなかった。省内でもかなり話題になったものと推察される。

当時のドイツ鉄道事情については、これらの記事で紹介された以外にも、新たな方式の電車や蒸気機関車、ディーゼル機関車などがいろいろと開発されて走行しており、世界がその動向を注目していた。

ところで、先程のプロペラを推進力にするシーネツェッペリンの実験・研究は、実用化するには現実味がないとして、三年後に中止された。これに替わってクルッケンベルクはディーゼルエンジンを搭載した高速鉄道を幾種類か開発することになる。ドイツではディーゼル機関車の開発がさかんで、その一つが有名なフリーゲンデルハンブルガーで、一九三三年五月に開業した。

ベルリン―ハンブルグ間の二八六・八キロを二時間一七分で走り、平均時速は一二四キロを記録していた。もちろん、当時の実用鉄道としては世界最高記録である。

このときちょうど、在外研究員として渡独してベルリンの日本大使館付きとなっていた島秀雄は早速駆けつけ乗車し、興味津々の思いで乗り心地を楽しんだ。

島はこのときのことを語った。

「自動車も、電車も、もちろんディーゼルにも深い関心をもっていました。当時、ロシアなんかがディーゼルを一生懸命やっていた。ほかの国々は石炭が産出するので必ずしも積極的ではなかったが、ドイツは例外だった」

このドイツ駐在のとき、島は電車についてもドイツが熱心に取り組んでいることも知っていたため、独ジーメンス社の技師たちから交流電化の意義についても聞いていた。

「いまではさかんになっている交流電化ですが、私が初めて商用周波数による近代的交流電化のことを聞いたのは、ベルリンに在外研究員としていた一九三六年のことです」とも語る。

そのとき、この機会にと欧州各国そして世界一周をするのだが、ライン川を遡る船上から見たオランダの電車や、南アフリカのヨハネスブルグ近くで見た炭坑と石炭積出港のダーバンを結ぶ電化・複線化工事なども印象深かった。その後、「日本において電車の将来性を考えていく上で大いに参考になった」とも語っている。

ドイツから蒸気機関車を輸入していたりした島の父・安次郎も、一九〇三年六月から一年間ドイツに長期留学していた。そのとき、ジーメンス社やアルゲマイネ社などと一緒に三相交流の高速電車を走らせる実験などを行ったことがあった。ベルリン近くの練兵場で行われた実験では、平均時速一二〇キロ、最高時速二〇〇キロに達する高速だった。

さらに遡れば、狭軌から広軌に変換する安次郎の提案を強くバックアップした鉄道院総裁の後藤新平は、ドイツ留学して医学を学んでいた体験もあるだけに、この国の科学技術の研究開発にも関心が深く、事情にも明るい先覚者だった。

このため、「そのうち鉄道は電気でなくちゃ。大いに電気を研究しろ」と常日頃から部下たちにハッパをかけていたという。

このように、戦後の電車方式による新幹線へと至る系譜は、蒸気機関車が主流の日本にあっても、鉄道院、鉄道省、国鉄とつづく歴史の底流には、先駆者の慧眼によって脈々と流れ受け継がれていたのである。

ヒットラーがすぐ目の前に

研究熱心な島がドイツに渡ったとき、幸いにもベルリンオリンピックが三カ月後に控えていたために、外国人に対して非常にオープンで各地を見学することができた。それは当時、日の出の勢いであったナチス・ドイツが絶頂期にあって、第三帝国の国力とその隆盛を広く内外に誇示せんとしていたためである。

島はまた、ちょうどフォルクスワーゲンの「ビートル」〝カブトムシ〟の誕生に巡り合わせた。ヒットラーが「国民車」と称して肝いりで開発を指示して強力に推し進めていた。日本大使館員とともにカブトムシのお披露目式に参列したが、そのとき、テープカットするヒットラー総統をすぐ目の前で見ることができた。

それは、写真やポスターで見慣れていた口髭のいかつい顔ではなく、にこやかな表情でご満悦だった。

当時、ドイツは産業も含めて高速道路のアウトバーンや革新的な鉄道、自動車、飛行機、潜水艦などと、目覚ましい経済・技術の発展を示していた。また文化的な行事も意欲的に進めていた。

それだけに、島は「ずいぶんいろんなことをやる偉い指導者だなと感心していた。ぼくみたいな、なんだかよくわからないものでもヒットラーに対してそう思うんだから、軍人さんなんかが見ると、日本の自分たちの仲間がやっていることより、もっとすごいことをやっていると思ったんでしょう。それで、日本大使館の大島大使にしても、きっと、それでやられちゃって、惚れ込んで礼賛したのでしょう」とドイツ駐在時代の率直な思いを語った。

「その頃はヒットラーがそれほど悪いやつのようには見えなかったが……。それに、ドイツはどこの町に行っても清潔で、もし、あのあと戦争をしないで、そのまま国家建設を進めていたら、すごい国になっていたでしょうね」

島は父親と同様に、ドイツの技術そのものについては高い評価を与えていた。

オリンピックを間近に控えたこの頃、ドイツ各地では国威、国力を誇示してアピールする催しや行事が方々で行われようとしていた。島にとっては「これはいい機会だ」と思って情報を集め、いろんなところを見学して回ったのだった。フランス国境にむけてアウトバーンが完成したと聞くと、クルマの免許を持っていた島は大使館の車を借りてすぐさま走ってドライブを楽しんだりしていたのである。

それは情報収集の一環でもあって、技術者である島が在外研究員としてドイツに派遣された大きな仕事の一つでもあった。見学が終わると必ずレポートをまとめて日本に送ったりしていたのである。

見学はドイツ国内だけには止まらなかった。日本大使館付きだから外交特権で外国へも自由に動くことができるので、欧州各国のめぼしき鉄道をつぎつぎと見学しては関係者とやり取りした。

「日本人技術者の来訪があった」

このときから七〇余年が過ぎた二〇〇八年三月、来日した先のゴットヴァルトが講演の最後において語った。シーネツェッペリンを開発したクルッケンベルクが晩年、亡くなる少し前に、かろうじて日本の新幹線開業のニュースに接することができた。それを受けて彼は二つのことを言い残したという。

一つは、「自分が目指した高速鉄道の夢は正しかったこと」。

二つ目は「シーネツェッペリン時代に日本の技術者の来訪があった」ことである。となると、その日本の技術者とは、のちに〝新幹線の生みの親〟と呼ばれることになる島秀雄の可能性が高い。

フリーゲンデルハンブルガーに試乗した前後に、日本ではまだ手の届かない高速列車を生みだしたメーカーの実情を探るため、人一倍、勉強熱心な島だけに訪問したのであろうか。ゴットヴァルトは講演の最後を締めくくるにあたって、一枚の映像を映し出した。それは日本の0系新幹線を斜め正面から撮した写真だった。そしてこう結んだ。

「私たちドイツ人は来日して新幹線に乗るたびにクルッケンベルクのことを思い出すのです」

ところで、このシーネツェッペリンの先頭形状は、0系新幹線の先頭形状に似ていないか。たしかに、先端のプラスチックカバーこそないものの、フォルムはよく似ているというより、そっくりといってよいだろう。しかも、色調も似ていて、フリーゲンデルハンブルガーが白銀色で、0系も白が基調である。しいて違いを挙げるとすれば、0系の方がこころもち尖った形状になっていることくらいである。

島は0系新幹線の先頭形状について、シーネツェッペリンを参考にしたといったことを口にはしていない。残念ながら私のインタビュー時においてはこのことに気がつかず、質問をしなかった。だが、島親子はともにドイツに留学あるいは駐在して多くのことを吸収し、しかも、欧米先進国の中では最もドイツの鉄道技術を高く評価していた。

ちなみに戦前の頃、空気抵抗が最も少ない流線形の理想の形状は、ツェッペリン卿が生涯を賭けて力を注いだ飛行船の形状であるといわれている。

星晃が語っていたように、「空気の抵抗を少なくするための空気力学的な配慮をすると、高速のものはみんなあのような形だったんだよ」ということなのか。あるいは、偶然の一致なのか。

それとも、島にとっては電車としての超高速列車の将来について開眼したドイツ駐在時代の記憶が脳裏に深く刻み込まれていて、自然と似たような流線形のフォルムを思い描いたのかもしれない。

第四章　超流線形の新幹線登場

高速化は見向きもされず

一九六四年に開業した０系新幹線は、動力分散方式による世界初の高速長距離電車だったことから、予期せぬトラブルが幾つも発生したが、いずれも大事には至らなかった。数年もすると、そうした問題も逐次解決されて、国鉄のドル箱路線となった。

ところがそれ以降の国鉄全体としての経営は毎年赤字を出して巨額の債務を累積させ、低迷の時代が長く続くのである。となると、０系車両のモデルチェンジに向けた研究開発に資金が回らず、新型車両はいっこうに出現してこなかった。

たとえどんなに素晴らしい技術が開発されて実用化されても、技術の進化がめまぐるしい今の時代、たとえ保守的な機械技術分野の鉄道であっても、通用するのはせいぜい長くて二〇年である。だが０系は三〇年近くも使い続けられるのである。

ＪＲ東海の役員であった副島廣海《そえじまひろうみ》は当時を語っていた。「国鉄の終末期頃の状態はひどいもので、高速化は見向きもされませんでした」

またＪＲ東海の総合技術本部技術開発部環境・高速化チームマネージャーの石川栄もまたその頃のこと

を、「JR20周年」特集号の中で「東海道新幹線の車両開発を振り返って」において記している。

「しかし最高速度は昭和40年以降、開業当初の210km／hのままで、東京～大阪間3時間10分運転の時代が約20年間続いた。東海道新幹線に戦略的投資が行われず、経営状態や労使関係の悪化などによって技術成果が実を結ばなかった」（『JREA』二〇〇七年四月号）

島秀雄《ひでお》もそんな国鉄の体たらく、技術関係者の志気の低下を見かねて、ときの石田禮助総裁に対して、遠回しながら「(国鉄) 技術研究所員の処遇に就いて」と題する書簡を送っていた。

「処遇は金銭的給与の問題だけでなく、充分な敬意が払われなければならない点にある……」と訴えた。

ここにおいて島が最も強く指摘した「処遇」とは、技術の進歩・発展を目指し、また使命とする組織体においては、あまりにも当たり前のことだった。研究者の存在理由である研究開発の重要性に対する認識をしっかりともってもらい、彼らの意欲を掻き立てるような姿勢でもって積極的な施策を打ち出してもらいたいというものだった。

日本の交通インフラ全体を見渡せば、最大のライバルである航空路線はジェット旅客機の時代となって大型機も登場し、より充実してきていた。便数も増えて利用しやすくなり、乗客数が急増していた。

その一方、海外からは高速鉄道の運行を開始したフランスやドイツから、「日本の新幹線を上回る高速での開業」といったニュースが舞い込んできて、日本のマスコミも騒ぎ立てていた。鉄道の本場であるヨーロッパに目を向ければ、新幹線の成功に触発された新しい動きが各国で起こっていたのである。

一九八一年二月、仏国鉄のTGVが、電車車両化した後、高速新線上で最高時速三八〇・四キロの記録を樹立した。同年九月には、パリ南東線で最高時速二六〇キロの営業運転を開始していた。これにイタリアの振子式国際特急電車のETR「ペンドリーノ」系が続いた。さらには、国営から民営化したドイツのICEが、一九九一年六月、最高時速二八〇キロでの営業運転を開始していた。

これらの新しい動きが周辺国にも波及して、ヨーロッパ全体に高速化の波が押し寄せつつあった。日本の新幹線はお株を奪われて後塵を拝し、影が薄くなってきた。

だが世界的視野で鉄道の世界を見渡す島の姿勢は、日本の鉄道人の焦りとは別に超越しているかのごとくだった。一九七八年の初夏、フランス国鉄に招かれた島は、ボルドー郊外でのＴＧＶ一号車による三〇〇キロの試運転に同乗した。かねてから島はＴＧＶに対して新幹線の技術を公開して協力とアドバイスを惜しまなかったからだ。

「ＴＧＶの超高速鉄道が開業したことは本当に喜ばしいことで、私としても嬉しかった。彼らだってわれわれ新幹線が開業したときには、その成功を大いに祝ってくれたのですから」と語っていた。

一方、日本では相変わらず国鉄の経営改善の兆しも見えなかった。事故が頻発する傍ら、経営の健全化に向けた分割民営化といった政治論議ばかりが盛んになっていた。また年中行事化したストライキやサボタージュも続き、さらには運賃料金が私鉄各社よりもかなり高くなっていて、国民からの厳しい批判も招いていた。依然として新型車両の開発に向けた研究は低調で、相変わらず停滞したままだった。

かつて、歯にきぬを着せぬ言動で知られたＪＲ東日本の山之内秀一郎元会長が記した『新幹線がなかったら』について東京新聞から書評を頼まれ、その後にインタビューしたことがあるが、その著書で当時のことを綴っている。

「国鉄の末期は破滅的な状態であった。借金の総額は二十五兆一千億円。これは当時のブラジルの国家債務の二倍近くにあたる。日本国有鉄道は間違いなく世界最悪の企業であった。一九八六年の国鉄収入が三兆六千億円だったが、実に一兆三千億円が利子の支払いに消えた。（中略）人件費は収入の六六％にも及んでいた」

ＪＲ各社と距離を置く島秀雄

ところが一転、一九八七年四月に国鉄の分割民営化が実現すると状況は大きく変わった。ＪＲ各社に分割しての民営化は一長一短があって、さまざまな問題を内包していた。とはいえ、〝赤字脱却〟による健全経営を目指して各社の競争が激しくなった。

これまで主張し、披瀝してきた島の考えからすると、分割民営化の形態については意に反することも多かった。インタビューではこんな基本認識の違いを口にしていた。

「国鉄を単に地域ごとに分割してＪＲとしたのはあきらかに間違いです。日本全体の輸送体系をどうするかという観点から見ていくべきで、むしろ、主要幹線を一括した経営体と、各地域のローカル線とに分けるべきだったのです。現在のようにＪＲ各社が勝手な方式をそれぞれ採用して進めていったのでは、相互の乗り入れや共通化ができません。極めて不便で、効率も悪くなって、しかも二重投資を招きます。幹線は全体としてどうあるべきかという観点から計画を進めていくべきです。現在走っている東海道新幹線にしても、将来の発展を十分念頭において、余裕を持って設計してあるのですから」

このインタビューは二〇年近く前のものであるが、こうした考え方の違いもあって、島は分割民営化後のＪＲ各社から距離を置く姿勢となっていくのである。

また民営化後のＪＲ各社が危機感を募らせ、時間短縮による競争力強化につながる高速化がすべてであるかのような風潮がＪＲ各社内で強まってきていた。そんな中で、速度競争と新型車両の開発を急ごうとする動きが目立っていたことに対してか、あるいは一般論としてか、こんなことも語った。

「技術開発において大股歩きやスピード競争はいけません。一歩一歩踏みしめながら進んで行く必要があります」

と同時に、めずらしく取材に応じた朝日新聞のインタビューでも「私は、ものをいうのをあきらめてきたのよ。将来への目を持つ政治家には申し訳ないのですが、自分の手の届く範囲で、黙ってやれそうなものをそっと造ってきた」（『朝日新聞』一九九四年七月二十一日号）といった警世的あるいは諦観ともいえる言葉を口にしていた。

それはともかくとして、ＪＲ各社はお互いが競い合うように新型車両の開発に力を入れだしたのである。もちろん、旧国鉄の鉄道技術研究所を改称して財団法人化した鉄道総合技術研究所（鉄道総研）や車両メーカーが技術面そしてハードウエアの研究開発を担っていた。

まず最初に登場したのが、第一章でも紹介したＪＲ東海の車両「スーパーひかり」だった。二八年も走り続けてきた0系の「ひかり」に替わる新たな顔となる「スーパーひかり」、のちに３００系「のぞみ」としてお目見えする新世代の車両である。それまでの最高時速は二一〇キロあるいは二二〇キロだったが、それを二七〇キロに引き上げたのである。その先頭形状は〝砲弾〟形の0系や１００系の形とは大きく異なっていて、ヨーロッパの高速鉄道にやや近い楔形の流線形である〝スラントノーズ〟と言われた。

続いて次世代車両となるＪＲ各社の５００系、Ｅ2系、Ｅ3系、Ｅ4系、７００系、８００系、Ｎ７０0系などが続々と登場してきた。これらは三次元曲線の先頭形状をもつ、世界でもほとんど見受けられない顔だったことから、鉄道ファンたちは目を輝かせたのである。しかも最高速度は三〇〇キロ前後にまで高速化したのである。ここにおいて日本は再び、その存在感を世界に示すことになった。

これら一連の次世代車両の開発においてもまた、最先端の航空技術を導入することで、立ちふさがっていた高い壁を打ち破った。一段も二段も鉄道技術を引き上げて革新し、世界をリードすることになったのである。

そのときの選択は、今から六十数年も前の敗戦の翌年、島が「高速台車振動研究会」を主宰して、元陸海軍の航空技術者たちを参加させ、彼らが身につけている知見とノウハウを鉄道に取り込むことで、0系新幹線を生み出すに至った道と同じであった。

車両進化の三つの流れ

ちょうど開業から半世紀を迎えた新幹線の0系以降に登場してきた新世代の車両がどのように進化してきたのか。その流れと系列および各車両の特徴について、紹介しておく必要があろう。それも営業戦略の狙いがどこにあって、性能や乗り心地、環境性能がどれだけ向上したのかに焦点を当てていくことにする。

一九六四年秋、東京オリンピックが開催されると、世界の人々や各国のメディアが来日する。そのとき日本のさまざまなことに興味を抱き、テレビや新聞などジャーナリズムで紹介されることになる。その際、敗戦からみごと復興を遂げた日本をアピールする目玉として、また国の威信をかけ、世界初となる超高速鉄道の新幹線0系車両が華々しく登場した。

だがその後は国鉄経営の低迷から、なかなか新型車両が登場してこなかった。この間、東海道新幹線の成功によって、各地域が熱望する新路線の敷設は日増しに高まってきた。こうした動きに、目ざとい政治家たちは「新幹線は票になる」と敏感に反応した。採算性や国鉄の赤字累積などどこ吹く風かと無視して主導し、巨額な建設費をつぎ込んで上越、東北の各新幹線を建設した。

島にしては珍しく、やや皮肉交じりに語っていた。

「われわれが東海道新幹線を作ったときは、日本がまだ貧乏な時で予算が限られていましたからね。爪に火を灯すようにして作ったんですよ。いろんな設備も最小限にして。でも将来の発展性を見据えながら、続いて建設される新たな新幹線は十分に改良することができるように余裕を持って作ったつもりです」

でもそうした考え方は引き継がれなかった。例えば、自民党の実力者だった田中角栄の地元の土建業者などには、多くの金が落ちて利益をもたらすことになった。もちろん、選挙の票にも結びつくよう、上越新幹線は「かなり贅沢に作りましたからね。まるで（金ぴか好みの）（織田）信長や（豊臣）秀吉の安土・桃山文化ですね」と語っていた。

こうした一連の政治家による地元への利益誘導も加わって、国鉄が巨額の赤字を累積させる大きな要因になっていた。そのしわ寄せは新型車両の研究などに及び、わずかな予算しか回らなかったのである。

ようやく一九八二年になって２００系が、一九八五年には二両の二階建て車両を組み込んだ１００系が登場した。２００系は０系をベースとし、東北・上越地帯の豪雪や耐寒対策を施した車両で、国鉄としては初のアルミ合金製とし、電動機出力を一八五キロワットから二三〇キロワットにアップして、スピードは順次二五〇キロまで向上させた。先頭形状は０系を踏襲する丸顔を少し伸ばした程度で、これまたさほどの変化はなかった。

民営化して一九九〇年代に入ると、いよいよ新世代の斬新な車両が登場してくることになった。その進化・発展は一四一頁の図のように三系統に大きく分けられる。だがすべては元祖の０系車両からの派生型である。次第に枝分かれしていって、営業運転された歴代の車両は合計一四系列ある。

まずは第一の系統が、基本形となる元祖東海道（ＪＲ東海）そして続く山陽（ＪＲ西日本）、九州（ＪＲ九州）の各新幹線車両である。一九九二年に登場した３００系、一九九七年の５００系、その二年後の７００系、二〇〇四年の８００系、二〇〇七年のＮ７００系である。続いて、二〇一三年二月には、Ｎ７００以来、六年ぶりとなる新型のＮ７００Ａが予定どおり登場して営業運転している。

第二の系統が、ＪＲ東日本の東北・上越・長野新幹線の車両である。これら路線地域からしてわかるように、寒冷地や積雪地帯も走るので、これらに対応する装備が施されていた。一九九四年に登場したＥ１系、一九九七年のＥ２系、Ｅ４系、二〇一一年のＥ５系、さらには、Ｅ７系が二〇一三年一一月に披露され、翌年三月に運行を開始した。

第三の系統が、新幹線と在来線との直通運転（乗り入れ）が可能なJR東日本の山形・秋田新幹線の車両である。一九九二年に400系、一九九七年にE3系、二〇一三年にE6系が登場した。車体の寸法が新幹線よりも小さい在来線（狭軌）サイズではある。だがその高速性や耐寒・対雪対策は、東北・上越・長野新幹線と同等レベルの仕様になっている。

新型車両の開発手順の基本は、まず最初にJR各社が運行する路線や経営戦略に則った主要な仕様を決める。このとき、鉄道総研や民間の車両メーカーが継続的に進めてきている要素技術の研究開発がどの程度まで進んでいるかを見極め、またそれらを取り込めるかが勘案される。さらにはJR各社および車両メーカーが、前述したように大学や外部の公的研究機関に特定の技術課題について研究を依頼する。

実際の車両開発では、こうした関係機関との共同作業で推し進めていくことになる。もちろん、ハードウエアとしての車両の開発および製造そのものは川崎重工や日立製作所、近畿車輛、日本車輛製造、汽車会社、三菱重工などの車両メーカーが担うことになる。だが車両メーカーはお客さんであるJR各社に配慮して、自らが前面に出て、「この車両開発のかなりの部分はわれわれが手掛けた」と声高には口にしない。あくまで発注主であるJRの顔を立てて一歩下がる黒子的な立場となるが、実を取っているのである。だから外部から見ていると、車両開発について流される限られた情報からして、車両メーカーの役割や存在が実際よりも小さく見えてしまうことになる。それは自動車や家電の世界でも同じである。

新型車両が登場するとき、最も人々の関心を引くのは、従来よりも最高速度がどのくらいアップし、所要時間がどれだけ短縮されたかであろう。そして派手に映る新幹線の顔としての先頭形状のデザインや車内のインテリアおよび設備などに注目が集まる。

でも一九九〇年代半ば以降に登場してきた主な新型車両は、時速三〇〇キロ前後の未知な領域に入っていくため、それに先立つこと四、五年ほど前から、実験車両を作っている。走行実験は何万キロにも達す

第１の系統　東海道・山陽・九州新幹線

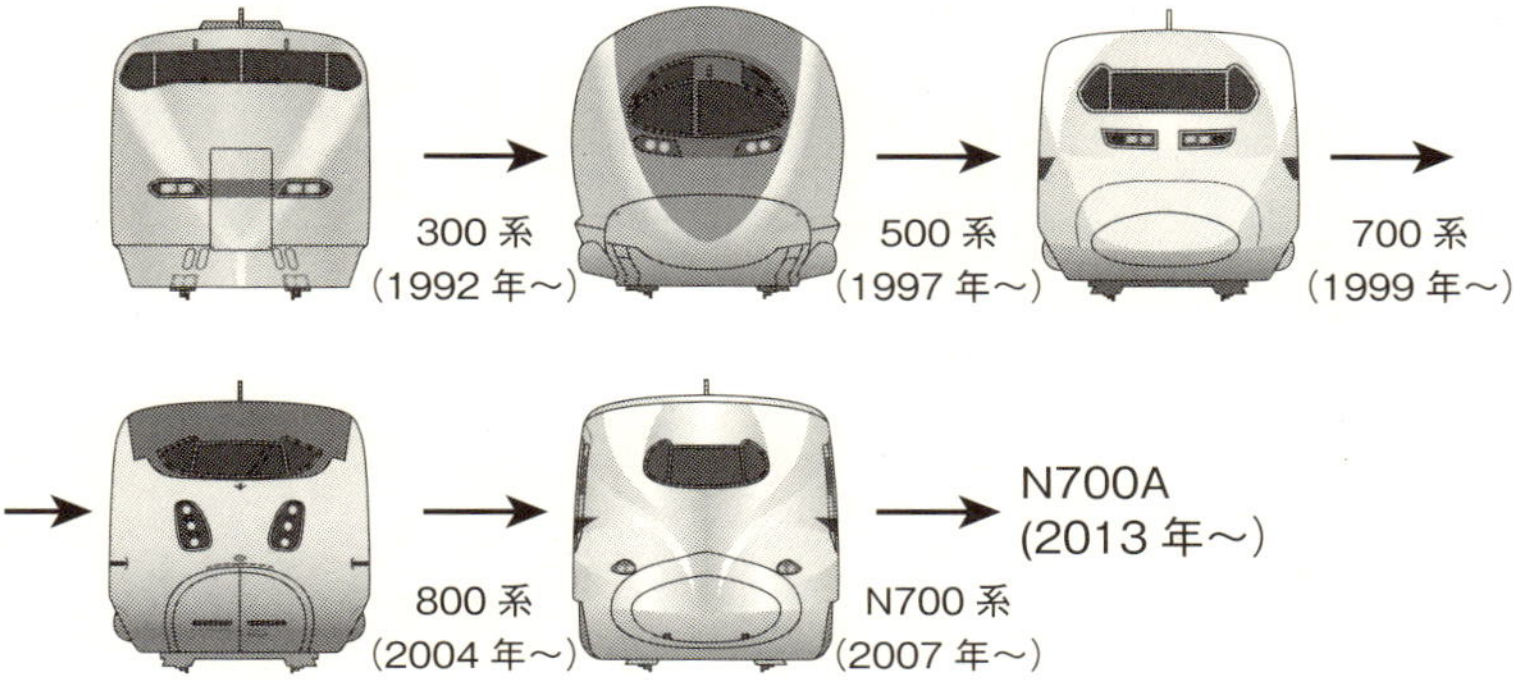

第２の系統　東北・上越・長野新幹線

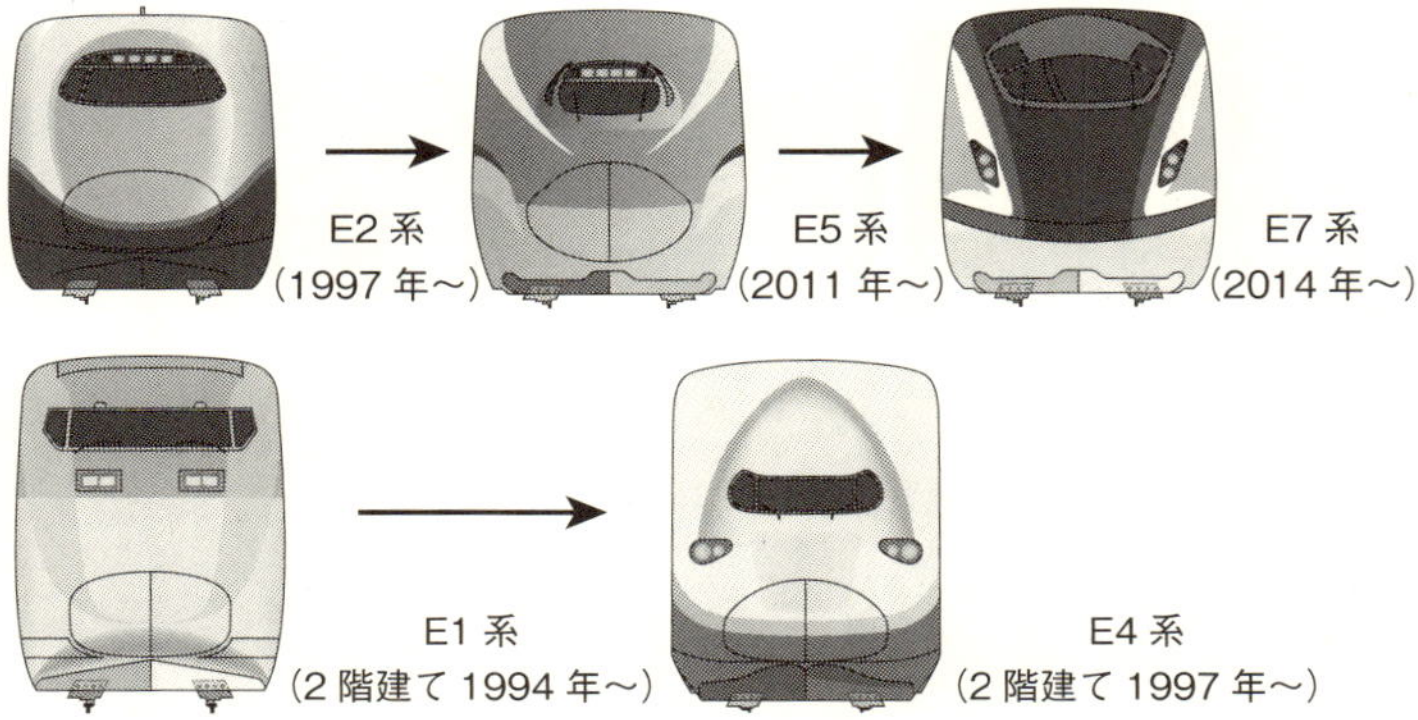

第３の系統　ミニ新幹線　山形・秋田新幹線

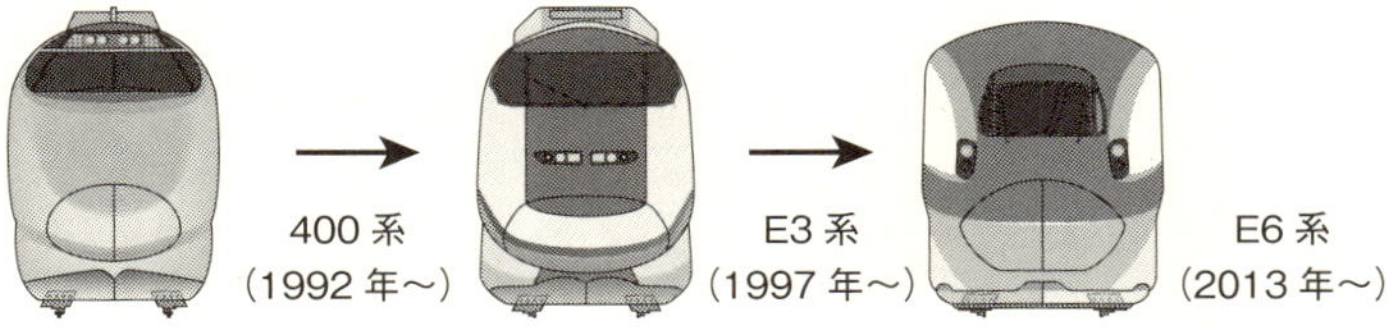

るほど繰り返し行われる。そこで目標の性能や乗り心地、騒音、採用された新技術などに問題がないか、また安全性や信頼性も確認される。もちろんその過程で明らかになった問題点を改良し、洗練させていく。耐久性も確認された上で、新たに設計し直され、量産車としてお目見えすることになる。

こうした実験走行の段階では、安全性や騒音などを考慮して決められる開業後の運行速度よりも速くて、限界に近いスピードに挑戦している。だから、0系の車両の運行速度は二一〇から二二〇キロであったが、実際は二七〇キロの走行が可能に設計されていて、走行実験でも実証されていた。

１００系も大台の三〇〇キロを超す三一九キロを記録していた。でも実際の運行は一〇〇キロ近く遅い二二〇キロどまりとしていた。それは、より安全性や耐久性、乗り心地（快適性）などを考慮を重視して振動や過荷重を避けているが、最大の理由は大きな騒音をまき散らすためだった。環境規制を満足できる有効な技術を開発し得ていなかったから、最高速度を抑えざるを得なかったのである。先に紹介したトンネルドンなどの騒音公害の問題である。

変わり種の航空研究者に委託

東海道新幹線の開業以来、車両の進化の流れにおいて初めて0系をフルモデルチェンジして、最初に登場したのがＪＲ東海の３００系である。

そのときＪＲ東海側からの要請を受けたのが、冒頭でも紹介した東北大学流体科学研究所の小濱泰昭《こはまやすあき》教授（グループ）だった。彼は試験車両の走行実験においての計測や風洞試験はもちろんのこと、克服すべき大きな技術課題となっていた空力抵抗や騒音などを低減するため、ＪＲ東海の３００系の新たな先頭形状の開発にも取り組んだのだった。

だが３００系からやや遅れてＪＲ他社も新車両の開発に乗り出していた。それはＪＲ西日本の５００系の試験車両となる通称「ＷＩＮ３５０」や、ＪＲ東日本の試験車両である「ＳＴＡＲ21」などである。

これらの試験車両には、いずれも高速化に伴う克服すべき共通する技術課題があった。このためＪＲ各社の垣根を超えて、研究開発や実験作業はオーバーラップしていた。

これら一連の試験車両の走行実験に伴う数々の研究を依頼された小濱教授の東北大の流体力学研究は、戦前からの歴史があって有名。創始は流体力学分野で活躍してきた東北帝大の沼知《ぬまち》福三郎《ふくさぶろう》教授だった。彼は欧米先進国に匹敵する最先端の流体力学の研究を手掛けていた。このため、その名が欧米にも知られているほどだった。

「橘花」

戦前、英、独に並んで海軍航空技術廠の種子島時休技術大佐が研究開発していた日本初のジェットエンジンの雛型である「ＴＲ10」や「ネ10」、「ネ12」などがある。その設計理論においても沼知は貢献していた。

また日本の敗戦の八日前で、戦前において一回だけ試験飛行に成功した本邦唯一のジェット機「橘花」に搭載されたターボ・ジェットエンジン「ネ20」の開発においても理論面で協力していた。

戦前、沼知はドイツのゲッティンゲン（大学）にあるドイツ航空宇宙研究所（ＤＦＶＬＲ－ＡＶＡ）で三年間学んでいた。そこはプロペラ機全盛の時代の一九三九年八月、世界に先駆けて初飛行した独ハインケル社のジェット機Ｈｅ１７８に搭載されたジェットエンジンＨｅＳ３の開発者、ハンス・フォン・オハインなどを輩出していた。その意味でも、世界の最先端を走る流体力学研究のメッカだった。

沼知はドイツから帰国して後、第二次大戦下の一九四三年、日本の他の大学に先駆けて東北帝大に流体科学研究所を新設するのである。それは航空における空気流体だけでなく、船や産業機械なども含めた水の流体も扱っていた。

大先輩の沼地教授に強い憧れを抱いていた小濱は、難関の旧西ドイツのアレクサンダー・フォン・フンボルト財団による国費留学制度に応募して、見事、難関を一回で合格した。「喜んで小濱を受け入れる」との許可証を受け取ったのだった。そればかりか、彼の名が「ドイツの航空研究者たちによく知られている」と聞かされたのだった。小濱にすれば「なんでおれが！」との驚きだった。

このとき以前に、彼がドイツの雑誌に投稿していた「回転円盤流の実験と計算」の研究が、ドイツで高く評価されていたのである。しかも憧れのＤＦＶＬＲ—ＡＶＡ研究所でも、その理論を活用しているというのだ。この研究がジェット機や超音速機の主翼の後退翼表面の摩擦抵抗を減らすために役立つ貴重な基礎研究だったのだが、当の小濱は、それがドイツで注目されていることを知らなかった。

小濱教授はまた、多才で変わり種の研究者としても知られ、夢多き人物である。先に紹介したが、長年にわたり、まだ世界で実用化されたことのない「飛行機とリニアを合体したような混血『エアロトレイン』」の実用化に向けて情熱を注ぎ、挑戦してきていることが端的に示しているであろう。

ここで小濱教授の人となりについて少しばかり紹介しておこう。本書のメインテーマである、飛行機と鉄道とが近接して一体化してきていることを、まさしく体現している人物である。その発想が極めてユニークで奇想天外ともいえる研究者でもあるからだ。

「子供の頃から機械いじりが好きで、メカに興味を持ち、乗り物が大好きだった。航空機への興味はその延長上にあって、空に対する漠然とした憧れがありました。大学のとき、航空関係の研究室を希望したのですが、最初は原動機のジェットエンジンでした」

ただ小濱教授と他の航空研究者との違いは明らかだ。マルチともいえるほど、その手掛ける研究の範囲は広いのである。

他の研究者から「物好き」と嘲笑されようが、「おもしろい」と思える自身の閃きと興味関心に正直で突き進んでいく。だから、最も専門とする航空分野にこだわることはない。領域を簡単に超えて、鉄道や自動車、太陽熱の利用、マグネシウム燃料発電機などの開発も進めてきた。

これらの研究は一見、無関係に見えそうだが、その根底には共通する理念がある。「最も多くの化石エネルギーを消費して動く高速のノリモノを限りなくゼロエミッションに近づけるために、エネルギー消費はあらゆる角度から人間との関係あるいは環境との関係において問い直す必要がある」とするものだ。

研究を離れれば、仲間と小型航空機を共有していて、自らも操縦桿を握る。その他にはヨットや自動車などにも興じる。「子供の頃からの乗り物好き」であるとともに、野菜作りなどにも精を出す「余暇の達人」でもある。

小濱泰昭

研究成果を社会に戻す

ここで小濱教授が最も専門とする空気流体力学および航空分野における最先端の研究業績については、第一章において紹介した。

一方、鉄道では一連の新世代の新幹線車両の開発において、航空分野で培った先端的な空力および騒音に関する研究成果を持ち込んでいた。例えば、走行実験での計測や理論解析および風洞実験による空気抵抗の騒音も抑制できる先頭形状の開発を進めてきた。そのことにより、それまでの鉄道技術の水準を大きく飛躍させる、先駆的な役割を果たしてきたのである。

こうした成果として、日本航空宇宙学会誌や日本流体力学会誌などに数多くの論文を発表している。本書の関心と直結する鉄道関係のものでは「高速列車の開発と空力問題、流れの計測」「総合空力特性の優れた高速列車先頭形状」「高速列車の空力問題と対策」「高速列車後尾車まわりの流れと横方向加速度の関係について」など多数がある。

先にも少しばかり触れたが、航空機や鉄道車両といった物体が疾走するとき、空気には粘性があるので物体にまとわりついて空気の流れが乱れることになる。このときの物体に接する付近の乱れる空気の流れを「境界層」と呼ぶ。

さらには、前方からの一定の層状の空気の流れが、物体の突端や表面の凸凹付近に当たると、また後尾部においても、乱れて剝離し、空気抵抗や圧力変化に伴う空気の振動（波）を起こす。鉄道の分野では、その現象の最たるものが、狭いトンネルに列車が高速で突入する際に発生させるトンネル微気圧波による大きな騒音の〝トンネルドン〟である。さらには車両の揺れも生じさせるのである。

航空機においては、マッハ一を超えて超音速飛行に移行しようとするときの遷音速領域において特に問題が生じる。中でも機首の先端部や主翼の前縁や付け根付近において、流れる空気が極端に圧縮されて乱れが生じ、「ソニックブーム」と呼ばれる衝撃波が発生する。それに伴う空気抵抗が飛躍的に大きくなって機体には大きな負荷がかかり、振動も起こす。ときによっては正常な飛行が妨げられることもあるので危険である。

このため、航空機を新たに設計しようとするとき、まずは基本仕様から形を決めるため、空気の流れや圧縮のされ方を、スーパーコンピュータによるシミュレーション解析をする。続いて、実際に縮小模型を作り、それを用いての風洞実験をして空気の流れの状態や負荷のかかり方を確認する。その後、両方のデータを突き合わせて確認あるいは修正して、最適な形状を見つけ出してやらねばならない。

この手法は、環境条件やその程度の違いはあれども、そのまま近年の新世代の新幹線車両にも当てはまるので、取り入れられるようになった。

こうした新たな提案をして大きく貢献したのが小濱教授であり、冒頭で紹介したＪＡＸＡの藤井《ふじい》孝藏《こうぞう》副所長だ。両者ともその研究スタイルは、一般の学者たちとはかなり異なっていて、見据える世界も広い。

とかく大学の研究者たちが一般的にとる研究スタイルは、「何々の研究一筋で数十年やってきました」であって、その分野の専門家であることをことさら強調する。その大きな理由は何か。とかく日本では脇目もふらず、一つの専門分野に徹してきた研究者を高く評価する傾向が強いからだ。

だから、研究者自身、「私は航空機の何々分野が専門だ」とか、「鉄道が専門だ、専門家だ」とこだわって自らを限定してしまう。裏を返せば専門研究者のタコ壺化である。

だが小濱教授はそんな狭い世界には閉じこもらない。とにかく専門である流体力学が生かされ、また応用される対象物ならば、一見すると奇抜とも思える省エネの超高速乗り物の「エアロトレイン」も実現させようというのである。

だから最初にエアロトレインの構想を学会で発表した際、流体力学の専門研究者たちには「とても実現性は無理」と受け止められた。

「ほとんど反応らしい反応はありませんでした。また好き勝手なことをやっているヤツがいるよ、くらいのもの」だったという。でも本人の熱い思いは膨らみに膨らんで、巨額の金をつぎ込んで実際にモノを作り、実験走行も重ねてきた。「ここまで来るのに一四年かかりましたが、技術的にはほぼ完成しています」と自信をにじませる。

そうした包容力があり、しかも専門の枠にはとらわれない姿勢の根底には、先のゼロエミッションや省エネと併せて、次のような心構えがあると語る。

「研究のための研究とか、論文の数さえ稼げればいいというのではなく、われわれは間接的に税金で好き勝手な研究をやらせてもらっている。だからいずれは研究の成果を社会へ戻すという思いをいつも持っていないといけない。やはりテクノロジーというのは実際に実用化されないといけないのですから」

そんな信念と併せて好奇心が旺盛な小濱教授だからこそ、ＪＲ各社から「この人ならば」と見込まれて、「新幹線の空気流体力学的な解析を、また次世代車両の先頭形状を研究し、提案してほしい」と依頼されたのであろう。

３００系の開発経過

一九八七年四月一日、国鉄が分割民営化されて、本州を東日本、東海、西日本に三分割、本州以外の三島の北海道、四国、九州に一社ずつという現在の六社体制となった。

その翌年の一月初め、ＪＲ東海の組織内に「新幹線速度向上プロジェクト委員会」が発足した。トップには、国鉄の分割民営化で手腕を発揮し、リニア新幹線の事業化決定においても剛腕を振るうことになる葛西敬之が総合企画本部長の主査に就任した。新幹線運行本部長の副島廣海が副主査に就き、以下各部門からの部長クラスが委員として名を連ねた。

一月二十八日に開かれた第一回委員会において、これまで走り続けてきた「『ひかり』を超えるスピードの〝スーパーひかり〟の開発を検討する」プロジェクトチームの作業が開始された。

その目的を単刀直入にいえば、民営化となったことを機に、今後とも「ＪＲ東海のドル箱としてあり続けていくための新幹線」をどう新たに構想するかだった。

そこで出された目標が、「最高時速二七〇キロ、東京―大阪間を二時間三〇分での運転の実現を目指す」とする、国鉄時代からあった「宿願の数字」だった。この目標値が出てくる背景には、次の狙いがあった。

「この時間で走るならば、たとえ飛行機が東京―大阪間を一時間ほどで飛んでも、待ち時間や接続時間を含めると二時間以上となるので、空の客を奪うことができるのではないか」

すでに一九八五年の国鉄時代に、東北新幹線においての台車テストで二七〇キロを出した経験があった。だから、最も大きな課題は、速度よりむしろ、「二二〇キロで走る１００系よりも小さな振動と騒音で、しかも二七〇キロを出す車両を開発できるか」であった。

これを実現するため、八月十六日の第六回委員会において、３００系の新型車両を開発することが決定され、必然的に、長年親しまれてきた０系の先頭形状を含めてフルモデルチェンジすることとなった。

課題の「振動と騒音が少ない車両」を開発するには大きな課題がいくつかあった。まず第一は、列車が走るときにレールに車体の重量（軸重）がかかることで発生する車輪の転動音を下げる必要がある。振動も同様である。それには車体の重量を軽くする必要があった。

定員数の乗客が乗った０系の車両の総重量が六四トンであるが、これを速度の増加と軸重との関係から計算して、四五トンに抑える必要があった。でも四五トンの数字が間違っていないかは、フィールドでの走行試験を行って確認する必要がある。

ところが３００系の開発では試験車両を作らない方針を決めていた。なので、六五トンの０系車両から電動機や抵抗器といった機器類のほとんどすべてを取り外すことになった。となると、自力で動けなくなるので、前後を電動車が挟みこむ形で、一九八八年五月から、浜松―名古屋間で走行試験を実施したのだった。

走行試験は二二〇キロ以下だったが、これらの結果から類推した計算によって、やはり四五トン（軸重が一一・三トン）に抑えるならば、振動が抑えられて、二七〇キロ走行が可能な列車の開発が期待できるとの見通しが得られた。

これを実現するためには、鋼鉄製であった0系の車体を、200系で主に採用したアルミ合金にし、しかもできる限りコストを抑える必要があった。

そのほか主な要素技術の検討も行われたことで、「飛行機に勝つ二七〇キロ走行の新幹線」の開発について、「最小限度の見極めがついた」として、一九八八年八月、新幹線速度向上プロジェクト委員会は発展的解消をしたのである。

楔形の先頭形状を提案

この後、車両のデザインも含めた車体や台車、電気関係などについて、各部署が具体的な研究開発に着手することとなった。もちろん、地上の各種設備も同様である。

こうした段階に至り、JR東海は「高速化するには空力的な問題が大事だ」との認識が強まってきた。そのため、鉄道総研でのトンネル微気圧波問題などの研究が進められていたが、本格化するのは東北大の小濱泰昭教授やJAXAの藤井孝藏らが参画してからである。

高性能の風洞を擁して最先端の空力研究を手掛けている優秀な航空研究者の小濱教授がいるとして、JR東海は空力抵抗や振動、騒音といった検討およびその精確な計測の依頼をしたのである。この後の一連の経過について小濱教授は語った。

「まず最初、JR東海が300系の基本構想と全体図を出してきて、これを受けて車両メーカーの日立がその意図を理解して消化し、三、四点の案を提出した。JR東海側も同様に三、四つの案を出してきて、これらが一堂に並べられた。

そこで『空力的な観点から、まずはどれが良いか』との意見を訊かれたのですが、『とにかく風洞試験をやってみてから』ということになったのです」

ＪＲ東海の基本的な考え方としては、「〝イモムシ〟のようにコロコロとした丸みを帯びた」0系のような形の車両ではない。二階建ての１００系で採用されていた断面が角ばった体形にする方針だった。

そうなると航空機のように、断面積が小さくできて、空気抵抗や騒音も少なくなって性能が高まる円筒形ではない。ＪＲ東海としては「なるべく多数の客を運ぶ」との商業的な配慮から、0系と同じ座席数を確保できて、車両内部のスペースが大きくてゆったりとれる断面形状を選択していたのである。

かといって、車両の断面積を大きくすると空気抵抗も騒音も増えるので、高さを0系および１００系より抑えることで、断面積を小さくすることにした。

小濱教授が提案した先頭形状は、長く国民に親しまれて新幹線の象徴となっていた0系の円錐形ではなかった。替わって「ゆるやかなカーブを描く楔形の曲線」とする提案をしたと語る。それも先端部がレールの上面すれすれの位置から客車の屋根までの車両幅がほぼ一定となっていて、緩やかな流線形のカーブを描いている。だから、この先頭形状を正面から見ると長方形である。

でも0系においては先頭の最下部に、レールとすれすれに、出っ歯のような鋼鉄製のスカート（排障器）が前方へと突き出ている。万が一にもレール上に障害物があった場合には、その頑丈な鋼鉄板のスカートでもって跳ね飛ばす役割をもっている。

また車台の構造枠を覆う外板が車両の左右両サイドに出っ張っている。小濱教授は語る。「安全走行の目的から装備したスカートが前方へと出っ張っているし、車両両サイドにも出っ張っていて、そこで空気の流れがブロックされて乱してしまうので、流体力学的に見たときには大きなマイナスです」

また0系の屋根の上には直方体の空調設備が突き出ていた。パンタグラフもむき出しで、これも空気抵抗や騒音を生む原因となっていた。このため空調設備は、300系では床下に収納することで空気抵抗を低減させた。車体の高さも低くして、トンネル突入の際の圧力変化を少なくしたのだった。またパンタグラフの数を減らし、楔形のカバーを設けることにするのである。

これに対してJR東海側は当初、「スカートは安全走行のために必要である」と難色を示した。しかしJR東海は、小濱教授から「空力的にマイナスである」との説明を受けて、300系ではこれらの形状は取り止めた。替わって、全面を平滑で一つの緩やかな流線形のカーブで形づくり、スカートにあたる部分は、裏側を補強して頑丈にすることとしたのだった。

この間にも、三者によるさまざまな議論が続けられた。もちろん、これ以降の最終的な形状が決まっていく過程においても同様であった。

断面積の変化率を一定に

こうしてほぼ決定した先頭形状の車両を、三〇分の一に縮小した木型模型とし、それを車両メーカーの日立が作った。この木型の表面は平滑でつるつるにしていた。実際の列車にはある突起物の連結器カバーやパンタグラフおよびパンタグラフカバーなどは取り除いていた。

この模型を、風が流れる筒状の風洞試験装置の中に置き、列車の速度と同じ風速で煙とともに筋状に流してやって、模型の周辺を空気がどのような状態で流れていくのかを、可視化して確認するのである。その結果に小濱教授も驚かされた。

「なんと元の0系の空力抵抗の値の八〇パーセントも減るということがわかったのです。時速三〇〇キロを超えると全抵抗の九〇パーセントが空気抵抗であることになって、この事実はたいへんなものです。ということは逆に、空力的にしっかりとした設計をすれば、動力の電動機（モーター）出力を増強しなくても、列車の速度性能を格段に向上させることができる見通しが立ったのです」

このとき空力抵抗を示す重要な値としてＣＤ値という抵抗係数がある。これは流体が物体にはたらく圧力と粘性せん断力で決まる値で、いわば先頭形状の空気抵抗の程度を表した数字である。この値が小さいほど抵抗が少ないことになる。

幾つもの木型模型を風洞試験した結果、ＣＤ値が同じ〇・一一である木型模型が二通りあった。「１００系では〇・一五だったものが３００系のあの形では〇・一一に下がった。数値上での単純比較では、普通乗用車が〇・三〜〇・五、レーシングカーでも〇・二〜〇・四程度と、決して負けていません」（『新幹線のぞみ白書』）と車両設計にかかわった技術者は語っている。

この同じＣＤ値だった二つの木型模型から一つに決めたときの判断理由は何か。それは列車が折り返し運転のときに先頭車両が後ろになるが、そのときの最後尾の空力特性が良い方を選択したのである。この最後尾の空力特性については後述する。

では小濱教授があえて提案した楔形の先頭形状の根拠となる理論は何か。この車両の先端部から屋根までを、例えば一定の（数センチおよび数十センチ）間隔で縦方向に輪切りにしていく。そのときの断面積の変化率をできるだけ一定に推移させた滑らかなカーブの方が、圧力波（トンネル微気圧波）の発生を低く抑えることができるのである。

この考え方は後述する「エリアルール」と呼ばれる理論に似ている。半世紀以上も前から、航空機の機体を設計するときには、一般的な手法として用いられてきた。

こうした考え方の理論は常識的な感覚でも理解できる。例えば速度の低い一般の電車などの先頭の形は箱型で直角に立っているものが多い。そのままトンネルに突っ込むと、前面の全体（車両の断面積全体）で一気に相当な空気をトンネル内に押し込むため、大きな圧力変化に伴う気圧の高い壁のようなものが生

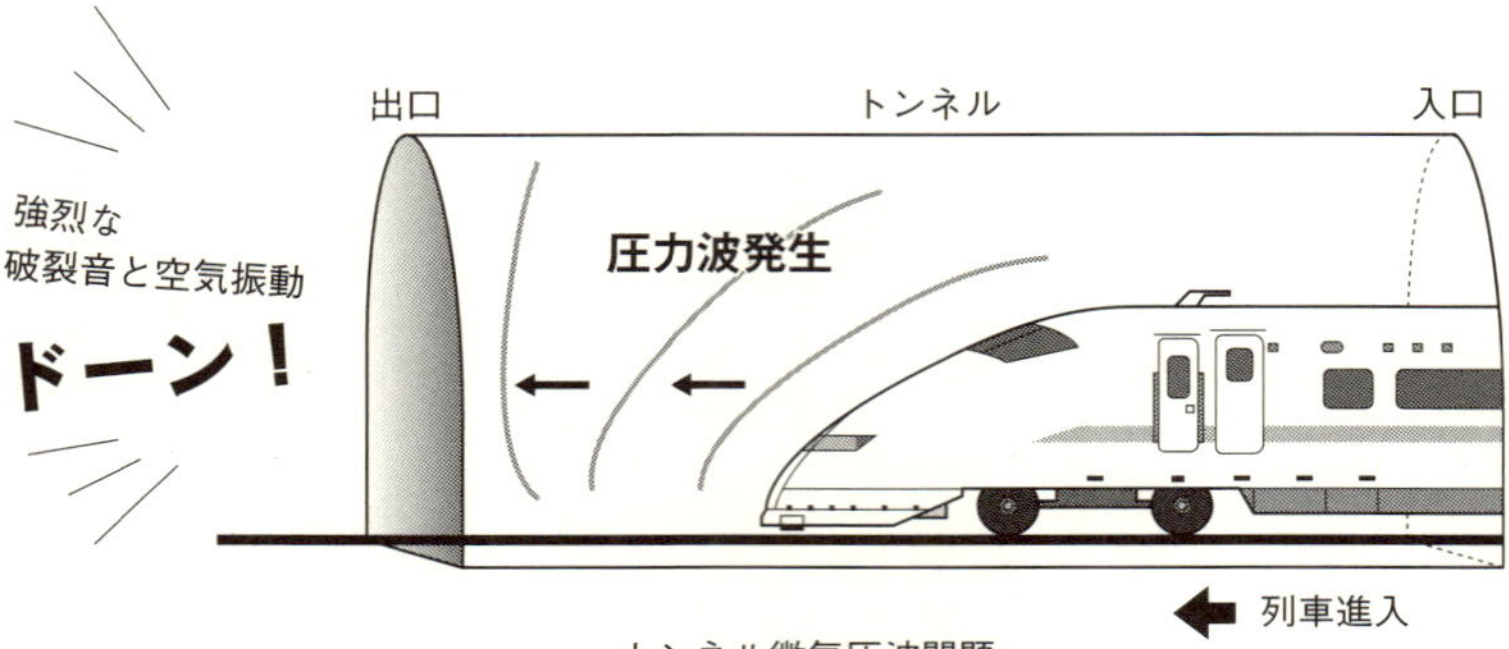

トンネル微気圧波問題

じてしまう。

　では３００系をこの形にした狙いは何か。

楔形をした先頭形状の車両の場合は、列車がトンネルに突っ込む際、車両の断面積が徐々に大きくなっていくので、押し込められる空気によって生じる圧力変化がそれほど急激に立ち上がらない。だから発生するトンネル微気圧波の強さも抑えられるのである。

　その原理は子供の遊び道具の豆鉄砲である。いわばトンネルであるシリンダー（筒）に突っ込むピストンが、内部に空気を押し込むことで圧縮した圧力波の壁をつくり出して、猛スピードで先の方に向かって走る（伝わる）。その間に、圧力波がトンネルの壁面やレール軌道面と干渉して不規則な衝撃波に成長しつつ、列車より数倍もの速い音速で前方へと進む。それがトンネル出口に達すると急に解放されて、圧力が一気に大気圧にまで下がるので膨張して、ドンという猛烈な破裂音を鳴り響かせるのである。

　なにしろ、空力理論での推定から単純化していえば、圧力波による騒音は速度の六乗で比例して急増する。となると数十キロのスピードアップであっても、その騒音はものすごい大きさとなってしまうのである。

　こうした一連の超高速列車特有の特性や、トンネル内での空気流や圧力波（トンネル微気圧波）の発生とトンネルドンの現象などについての理論的な解析は、小濱教授の研究によって初めて大々的に明らかにされたのだった。もちろん、世界の鉄道関係者も注目することになるのである。

最後尾車両の横揺れ

小濱教授は自分が提案した楔形の先頭形状は、「空気の流れをできるだけ乱さないための形状として、先頭部だけでなく、列車（車両）の後尾の形としても有効です」と強調し、それを実験の結果から証明していた。

先に述べたように、新幹線（鉄道）車両が終点の駅で折り返して先頭が逆になる。このため、先頭と後尾の車両形状は同じである必要がある。この点において鉄道車両は、他の乗り物の自動車や飛行機、船などと比べて特異なのである。

航空機では昔から、模型を使っての風洞試験や試験飛行などで、後尾における計測や解析を詳しく行っている。たとえその胴体が流線形であっても、その後尾において乱れた空気流が機体（車両）の末端に向けて巻き込まれるようになって渦をつくり、気圧の急激な変動が起こることを知っているからだ。

高速走行するときの列車も同じである。最後尾車両が不安定な横揺れを引き起こして乗り心地を悪くする。しかもその渦は、列車を引き戻そうとする力となって働くため、高速走行を目指す場合にはマイナスとなる。駅のプラットフォームで比較的線路に近い位置に立っていて、通過列車が目の前をかなりのスピードで走り去る瞬間、巻きこまれるような強い風に煽られるが、その現象である。

例えば、満鉄の花形列車だった「あじあ」号は営業運転の最高時速は一一〇キロで、最高許容速度は一三〇キロといわれていた。だが計画を進めていた時速二〇〇キロを目指す「弾丸列車」の車両を設計するための事前調査として渡満した島秀雄ら一行は、大連鉄道研究所で「あじあ」号の限界スピードに挑む高速試験を頼み、実施した。すると、一一〇あるいは一二〇キロあたりを超えてくると最後部車両の後部が尻振り現象（横揺れ）を起こし、次第に激しくなってびっくりしたのだった。

「あじあ」号の最後尾の車両は展望車でセールスポイントとなっていて、観光パンフレットではその優雅なインテリアを盛んに宣伝していた。このための対策として、最後尾は見栄えの良い円筒形の二次元的な形状として、尻振りを少しでも防ごうとしていた。でも横揺れをさらに防ごうとするならば、さらに三次元的な流線形にする必要があるとの認識があったようである。

このときの渦の発生とそのメカニズムを初めて理論的に解析したのが〝航空理論の父〟と呼ばれるドイツのカルマン博士だったことから、〝カルマン渦〟とも呼ばれている。それははるか昔の戦前のことである。

だが車両の揺れの要因はカルマン渦だけではない。トンネル突入時や、トンネル内で上下線の車両がすれ違う際の互いの圧力波の干渉や、車両の横側を振動するように流れる圧縮波とトンネル壁との干渉によっても引き起こされるのである。

このため、楔形の先頭形状にすれば、0系のような尖った円錐形とは違って、空気流の多くを上方に押し上げることができる。と同時に、横側へと流れる空気流を少なくするので、横揺れを防いで乗り心地を改善するというわけだ。

こうした楔形のモデルに、ヨーロッパの高速車両などの先頭形状も加味した、少し尖らせた形での300系の車両が実現したのだった。

さらには車両の高さを100系よりも三五センチ低くして断面積を小さくしたことで、その分、空気抵抗も騒音もかなり抑えることができた。ただし、車両の幅はホームとの関係からしてこれは変えることはできず、従来の三三八〇センチのままである。

３００系の流線形部分の長さは六・五メートルで、０系の四・四メートル、１００系の五・三メートルよりは長いながらも控えめにし、そのデザインも比較的オーソドックスでストラント型（傾斜形）となった。

強度面では、「０系や１００系より飛躍的に軽くした上に、車体全体に必要な剛性を確保する必要がある」との設計当初の狙いもあった。このため、車体全体を０系や１００系の鋼鉄・鋼板からアルミ合金の形材および板にした。

たしかにアルミの比重は鉄の約三分の一だけに軽量化することは容易だが、強度は約二分の一から三分の一でしかない。その対策として剛性を増す工夫をし、外壁は薄いシングルスキンの車両構造とした。その軽量化によって、速度向上試験では国内最高の三二五・七キロを達成したのだった。

３００系の車両が完成して、走行試験が始まった。すると小濱教授はＪＲ東海に申し入れた。

「車両の木型模型での風洞試験は、あくまで実際の走行に似せて簡略化した木型模型による実験室の中での計測です。やはり自然環境の中での実際の走行状態とは異なります。私たちは実際がどうなのか、強い興味を持っているので、ＪＲ東海に対して『実際の列車の周りの空気の流れの状態を計測して、風洞試験と照らし合わせて、その違いを知ることは極めて重要です』と提案したのです」

するとＪＲ東海は受け入れて一五〇〇万円の予算を付けてくれた。

一九九一年三月二十一日、小濱教授は学生も含めた東北大のチームを作り、ＪＲ東海と車両を作った日立製作所とともに、試験走行が行われている京都―米原間で各種のフィールドテストを行うことになった。

速度および圧力を計測する各種センサーを車両表面に三三個取り付けた。また可視化のための発煙装置や照明装置、そして空気の流れを可視化できるビニール製のひらひらしたタフトなどを取り付けた。

さまざまなデータが得られたのだが、その中で小濱教授が最も知りたかった列車表面に発達する境界層について、彼の論文「高速列車の開発と空力問題」から紹介しておこう。それは空気抵抗や騒音の発生に直結する現象であり、先頭形状を作り出していく上で極めて重要なデータとなるからだ。

境界層の計測

列車の「先頭が通過直後に広い範囲で空気流の速度成分が生じることを示している。最大20m／s（秒速）である。これはいわゆる列車風と呼ばれる流れで、先頭部分が流れをかき分けるときに比較的広い範囲に誘起される流れである。２両目以降から境界層の成長が認められ、４００mの最後部ではおよそ３m程の部分に厚い境界層が発達していることがわかる」

境界層と併せてもう一つ、小濱教授が知りたかったことがあった。最後尾の車両の横揺れの原因が、カルマン渦の「流体運動にあるのではないかと疑っていたからである。煙による可視化を試みたのだが、残念ながら深夜の測定であったために十分な撮影が出来なかった。実に残念な思いであった」

これらのデータと風洞試験で得たデータとを突き合わせて、その違いが何によって生じているのかを確認した。それにより、小濱教授は新幹線の先頭形状の研究・分析をより正確なものへと洗練させ、理論的な裏付けも固めていったのである。

でもこうした走行試験や計測を実施できるのは、「新幹線が営業運転を終えて後の深夜となるので、やりにくいことも多々あって、歯がゆい思いもしました」と振り返る。

だがその後、高速走行する新幹線の後流の測定をもう一度できるチャンスが訪れた。それは「のぞみ」が営業運転を開始したちょうど同じ年の一九九二年十二月七日だった。今度はＪＲ東日本が製作した試験車両の「ＳＴＡＲ21」を使って時速三五〇キロを超える高速試験を行い、昼間に測定したときのことだった。この試験については後述することになる。

このように、ＪＲ各社が競い合うように、時速三五〇キロあるいは四〇〇キロを超す、より高速化を目指しての新型車両の開発を進めていた。そのとき、乗り越えるべき最大の技術課題となって技術陣の前に立ち塞がったのがトンネル微気圧波の問題だった。それは３００系の最高時速二七〇キロのときとは桁違いに大きかった。このため、ＪＲ各社は小濱教授など外部の研究組織と共同で、問題解決のために研究に取り組むことになるのである。

一九九二年三月十四日に営業運転を開始した「のぞみ」は、東京―新大阪間を二時間半で結ぶ速達タイプで、０系から二八年ぶりのフルモデルチェンジだった。それだけに、大いに注目を集め、当日は大騒ぎとなった。

この日に先立つ五日前の早朝、試乗会が行われ、招待者やマスコミ関係者が同乗していた。なぜこんな朝早い出発となったのか。それは「のぞみ」が「ひかり」より速度が五〇キロも上回るため、新幹線の一番電車が発車する前に走らせる必要があったからだ。

その車両の一角には、鉄道好きで知られる須田寛・ＪＲ東海社長と向かい合わせに、一人の高齢の老人がステッキを手に座っていた。すでに九〇歳になっていた〝新幹線をつくった男〟の島秀雄だった。

一九六四年十月一日の新幹線開業の式典には、その一年半ほど前に辞任していた島には、最大の功労者でありながらも、なぜか招待状がこなかった。当人をインタビューした際には、笑みを浮かべながらさりげなく語った。

「国鉄を辞める時には、新幹線はほとんど完成していて、試乗会なども行っていましたからね。なにも心配することはありませんでした。でも開業時の式典には招待状はくると思っていましたが、何の手違いだか知らないが、こなかった。一番列車は自宅で見た。その頃は建物の合間から見えた。命懸けでやれば変なものにはならないんだとつくづく思いましたね」

今では有名になったエピソードである。そんな「二八年前の開業の時の式典に、島さんが招待されていなかったということは、もちろん十分に承知しておりましたから……」と語ってくれた須田はこの日、島を招待していたのだった。

「のぞみ」の登場は新幹線の新たな高速化時代を切り開くと同時に、新世代の新幹線車両第一号だった。速度の向上と併せて、０系の顔を一新した地を這うような真っ白の車体「ストラント」型（通称ワシ鼻）の先頭形状が印象的だった。

ＪＲ西日本の試験車両「ＷＩＮ３５０」

「のぞみ」が営業運転を開始したちょうど同じ三月、ＪＲ東日本では「時速三五〇キロの営業運転を狙う」試験車両の「ＳＴＡＲ21」を誕生させた。

その翌四月にはＪＲ西日本もまた、試験車両の「ＷＩＮ３５０」を完成させていた。両試験車両の走行試験で確認され改良された技術が、その後に営業運転を始めることになるＥ４系や５００系に生かされて登場してくるのである。

分割民営化後のＪＲ各社では、それぞれの路線の特徴や役割、営業戦略、レールのカーブの箇所の最小曲線半径の違いなどからも、欲しいスピードや各種仕様は異なっている。各社共通の試験車両では効率が悪かったりで、満足できないためだった。

その傾向が最も強かったのがＪＲ西日本である。置かれた地理的条件からくる営業戦略から、他のＪＲ各社よりも高速化（速達化）への要求が強かった。国鉄時代から山陽新幹線は、東海道新幹線の延長上にある路線として便利なダイヤを敷くのが難しく、不利な条件での運行を余儀なくされていた。

東京をスタート地点にして大阪以西から九州にかけての地域は、距離が長くて時間がかかるだけに旅客機が有利になる。ましてや、終点には、航空会社にとってドル箱路線となる福岡空港があって、空を利用する客が多く、苦戦を強いられていて、危機感を募らせていた。

しかも東京―大阪間の東海道新幹線はビジネス客が中心だが、それ以西の山陽・九州新幹線となると観光客も多くなる。となると、スピードの点ではもちろんのこと、旅行気分を演出する乗客受けを狙った派手さのある思い切ったデザインの新車両（先頭形状）も求められていた。

まずは「ＷＩＮ３５０」から紹介しておこう。一九九〇年、ＪＲ西日本は時速三五〇キロ以上の速度でも安定走行が可能な技術の確立を狙う試験車両「ＷＩＮ３５０」の開発をスタートさせた。

３００系を一挙に八〇キロも上回るその飛躍幅は、かなり野心的な挑戦だった。それは世界に目を向ければ必然性もあった。

同じ年の五月、すでに一九八一年から二六〇キロの運行を行ってきたフランスのＴＧＶは、新規開業前の大西洋線で、五一五・三キロもの「脅威的な最高速度」を樹立した。日本の新幹線関係者らが大いに刺激され、悔しがったことはいうまでもない。ちょうど世界の鉄道はスピード競争の時代に突入していたからだ。

それに加えて、ＪＲ各社の分割民営化から三年がたっていたので、ようやくＪＲ西日本の社内組織も整備されて、新たなステージに向けての体制が確立しつつあった。飛躍に向けてのチャレンジ精神が横溢していた時期だったのである。

六両編成のＷＩＮ３５０は、その一号車と六号車に、先頭（後尾）形状が長いものと短いものとの二種類の車両を組み合わせていた。

前者は鉛筆のように先頭が尖っていて、その流線形部分の長さは控えめの六・八メートルだった。後者は運転士の視界を良くするため、旅客機のように運転室部分を少し出っ張らせたキャノピー型に形づくられていた。その流線形部分の長さは「のぞみ」の二倍近い一〇・一四メートルだった。

走る方向が逆になれば、もちろん先頭が入れ替わることになる。二種類の先頭形状は実験によって、どちらが空気抵抗や騒音、乗り心地などで良好かを比べるためだった。実施してみると、意外にも両者のデータはさほど変わらなかった。

でも高速化を狙うJR東海の新車両、300系の開発が先行しており、開業が近づきつつある。遅れて開発がスタートしたJR西日本としては、早い時期に量産化へと結びつけたい思いもあった。このため、300系において実証され、確認されていた方式をかなり取り入れていた。そうであっても、300系よりも八〇キロ、試験走行ではさらにスピードを上げるために条件は厳しく、六月から始まった走行試験では、これまでに経験したことがない未知なる問題が続出した。

スラブプレートと長いトンネル

この試験車両WIN350および、この試験運転の成果を踏まえて実用化を図った500系の開発を指揮したのが、技術開発室長そして試験実施部長時代の仲津《なかつ》英治《えいじ》である。

一九六八年、大阪大学工学部機械工学科卒の仲津は、当時の国鉄に入社した動機を語った。「私は機械工学を選んだのですが、実は技術屋に必須の製図が苦手で、絵を描くのも下手なんです。図面を描くような仕事は絶対に向いていないと思い、鉄道ならそんなことは要らないだろうと判断したからです。

それにメーカーならば、その作るものや、その世界の範囲内の仕事しかできないだろう。その点、鉄道ならば日本の全体的な視野で仕事ができるという気持ちがあって選んだのです」

入社すると鉄道会社の実際業務を広く知るために、運転や車掌、施設管理、電気系統、修理、検査などの各現場を一通り回って、身体で覚える研修期間を体験した。

「こうした七カ月間の実習と、鉄道学園での講習などを受けましたが、この時の体験は、車両を開発するときに大変役に立ちました」とも語る。

入社した年、ちょうど国鉄のダイヤ改正や第三次長期計画などがあって、建設工事があちこちで進行する建設途上だった。新人の仲津は「すごいところだなあと思いました。でもそれが結果的には、巨額の財政赤字を生んだのですがね。当時、中・長距離輸送に力を入れ、東北本線が全線複線化・電化され、大きな勝負に出た。だがこれらも結局、投資資金を回収できないまま、長期低落傾向となって国鉄の解体へとなっていくわけです」

ただ大阪万博は大勢の乗客が東海道新幹線を利用したことで、国鉄にとっては大成功だった。同時に「外国からの観光客やマスコミなどが新幹線に大変注目して広くPRされ、少なくとも新幹線に関しては行け行けドンドンという感じでした」

一九八七年、国鉄が分割民営化されたことで、仲津はJR西日本の社員となった。その二年後、WIN350の開発がスタートし、仲津は技術開発室長を命じられて、設計段階からタッチすることになった。そのとき上部から言い渡された。

「鉄道の使命は、お客様を早く目的地に届けること。そのためには、到達時間を短縮することだ。三五〇キロの最高速度を目指せ。山陽新幹線は二六〇キロが可能な設計となっているので、現状の鋼鉄製の車両は重たいが、現在はずいぶん軽くできる時代となってきている。そのことを実施すれば必ず三五〇キロの速度は出せる」

実はJR西日本では、このWIN350の開発以前に、既存の二階建ての四両編成の新幹線車両100N（100系の派生型）を使って走行試験を行っていたことを仲津は語った。

「手持ちのこの車両で時速二七〇キロ出すのは可能であろうということで走行試験を始めました。確かに時速二七〇キロは達成したのですが、いかんせん騒音が大きすぎた。空気抵抗の大きい先頭形状が一番大きな原因だと思った。世界一厳しい値の日本の騒音制限値は、商業地域では線路から二五メートル離れた地点で七五デシベル、そのほかでは七〇デシベルだが、それをはるかに上回った。これをクリアしないといかんとなったのです」

ことにトンネルが多くて、しかも東海道新幹線よりも速いスピードで走る山陽新幹線や東北・上越新幹線は、騒音がより大きくなることは間違いなく、事態は深刻だった。

計測してそのデータを解析していくと、幾つかの条件が重なっていることがわかった。このために、東海道新幹線のトンネルでも見られない現象の、トンネル微気圧波によるトンネルドンが起きていたのだった。

この時代、線路がカーブする部分はどうしても列車の速度を落とさざるを得なくなる。その最小曲線半径が東海道新幹線では二五〇〇メートルだった。その後に建設された山陽新幹線では四〇〇〇メートルと大きくしてスピードアップを目指していた。

このように、線路の曲線半径を大きくすることと併せて、できるだけ直線コースにしようとしたため、おのずと山地を避けられず、長大なトンネルが多くなった。

しかも東海道と山陽道とでは線路の軌道が大きく違っていた。東海道新幹線はレールの枕木の基盤としてバラスト（砕石）を敷きつめることで固定している。ところが列車が通過するたびに加わる荷重や振動によってレールの位置が少しずつずれたりするため、補正のための保線作業が頻繁になり、維持・修理費の負担が大きかった。

それらのマイナス面を改善するため、「山陽新幹線や東北新幹線では、コンクリートを塗り固めたような板状の岩面（スラブプレート）でがっちりと固定する方式を採用していた。

このため、試験車両の空気の流れを計測してみると、トンネルの出入り口で大きく速度が変化する様子がはっきりと確認できました。これはトンネル突入時に、いったんは空気の流れが逆流して、やがて列車に周囲の空気が引きずられていき、出口に至ると解放されて再び元の速度に戻るためなのです」と仲津は語る。

例によって、列車がトンネルに突入する際に、空気を内部に押し込めて圧縮して圧力波（圧縮波）を発生する。その際、表面が凸凹で隙間もある砕石とは違って、スラブプレートの場合は音をはじき返してしまう。このため、そのまま滑らかなコンクリート板の上を前方の出口に向かって成長しながら、列車よりも速い音速の猛スピードで進んで行くのである。

その間に、トンネルの壁などと干渉して不連続な衝撃波となり、その圧力波は二〇ヘルツ程度の低周波である。これがトンネル出口で放出されるとき、大きなドーンという破裂音を発生させて、かなり遠くまでも空気振動をもたらす。と同時に、今度は逆方向にも膨張波となって入口へと戻ってきてここでもトンネルドンが発生するのである。

しかもトンネルが長いほど、さらにトンネルの壁との干渉も圧力波もより強まって、進む速度を加速させ、その分、破裂音も大きくなる。このときの圧力波は大気圧の百分の一から千分の一ほどの小さな値なので、これを鉄道関係者は「トンネル微気圧波」と呼んでいた。

ただ、仲津はバラストが騒音を抑える効果について補足した。

「私どもは最初、バラストの凸凹や隙間が騒音をいろんな方向に反射させたり吸収したりするなどして、下げる効果があるのかなと思いました。ところがそうじゃないのです。発生する音波や圧力波が、バラストの間隙に入って屈折して出てきたときには、すでに前方に進んでいる車両の先頭部よりも遅れて来るので、それが結果的にトンネル微気圧波の成長を抑える役割を果たしていたのです」

深刻なトンネル微気圧波問題

このため、仲津ら現場関係者らは一つの結論を出した。

「今の100Nで走行試験をやっても、新たに作ろうとする新型車に必要となるデータは取れない。まったく新しい試験車両を作ってチャレンジしないとだめだというのがわかってきた。それも、営業運転をする（量産）車両を作るやり方ではなく、あくまで試験車両であって、それで徹底的に走行試験をやってデータを取り、解析して営業車両に繋げるやり方が必要だろう」

早速、仲津らは走行試験の経過とともに、この考えを経営幹部に提案した。すると「確かにそのとおりだな」とスンナリ受け入れられた。

JR東海の300系の開発では、新しく試験車両を製作するとか、それを使っての走行試験とかは省かれていた。それだけに、仲津は強調した。

「こうしたトップ（入江正孝副社長）の理解と決断、それに強力なリーダーシップがあったからこそ、その後、かなり挑戦的な500系の開発をすることができたと思っています。新たに試験車両を作るとなると、時間はかかってスケジュールも遅れるし、もちろんお金もかなりかかりますからね。その点において、われわれはかなり恵まれていましたし、技術開発におけるトップの的確な決断の重要性を感じました」

その試験車両が先の「WIN350」だった。その意味するところは、「ウエストイノベーション」ということで、「West Japan Railway's Innovation for the operation at 350km/h」である。「時速三五〇キロの営業運転のためのJR西日本の革新的な技術開発」との意味である。

WIN350は技術の検証のため、STAR21と同様に先頭形状は二種類あった。パンタグラフと台車はともに三種類、車両の窓があるのとないのとの二種類を作り、空気抵抗や騒音などの程度を比較することにしていた。

先頭形状の一つは、小濱教授が３００系の開発の際にＪＲ東海に提案した楔形と似ていたが、３００系のようには先端が尖っていなかった。

でもＷＩＮ３５０の走行試験となると、１００Ｎのときよりも八〇キロ以上も高い速度だけに、起こった現象は複雑で、特にトンネル微気圧波などは未知なる要素が多かった。となると、これまでよりももっと高度で正確な計測技術が伴わなければ十分に対応ができない。「こうした計測技術を持っているのは財団法人の鉄道総研だということでお願いしたのです」

鉄道総研の運営はＪＲ各社が毎年の収入の〇・三パーセント拠出することで成り立っている。ただ特別なプロジェクトで大きな金がかかるものは、その都度、別途契約をして支払う方式になっているので、ＷＩＮ３５０の計測もそれに従っていた。

「外部の機関との協力は、ＪＲ西日本の社員で学生時代の友達に科学技術庁傘下の航空宇宙技術研究所の研究員がいたので、個人的に『こんな問題が起こっているんだけど』とはたらきかけているうち、両組織間の技術協力という形に発展していった。そこでトンネル内での現象を解析するシミュレーションをお願いした」と仲津は語る。

一九九二年六月から走行試験が始まった。段階を踏んで慎重に、順次、走行スピードを上げていったのだが、そのとき思わぬ事態が起こったのである。その頃のことを仲津は語った。

「先の１００Ｎの最高速度を上回る時速二七〇、二八〇から三〇〇キロを超えるあたりから大変な音が出てくるようになった。しかも振動も出ているというので、周辺の住民から苦情が出てきた。パッカン、パッカンといった破裂音です。なにしろ営業運行が終わって後の夜中の運転ですから、その振動や騒音は数百メートル離れたところまで伝わるのです」

トンネル付近に貼りついて試験車両を待ち受けるJR西日本や鉄道総研の技術者たちも、これまでに経験したことがない現象を体感していたのだった。

「トンネル微気圧波はドカンという音とともにお腹をドスンと押すような圧力波をもたらします。暫くして地獄の底から沸き上がってくるようなゴーという音とともに列車の前照灯が見えてくる。列車風で木立は激しく揺れるし、目の前を秒速六〇～九〇メートルで走り抜けて行くのです」

予想を超えるＷＩＮ３５０の騒音やトンネル微気圧波のすごさに、開発陣は驚かされるとともに、責任者としての仲津は頭を抱えてしまった。

「各方面から苦情が来るが、でもわれわれとしては三五〇キロの営業運転を目指していたので、試験段階では余裕を見て、それを上回る四〇〇キロまでは出して技術的な確認をしておかないといかん」

でも周辺住民の苦情からして我慢の限度を超えており、いつか爆発するかもしれない。そんなきわどい状況の中で、とにかく三五〇キロは達成しようと急ぎ、開発陣は試験を続行する決断をした。

運行開始からわずか二カ月後の八月八日だった。営業運転の目標としていた時速三五〇を上回る三五〇・四キロをマークした。それまでの３００系が出した三二八キロを上回る国内最高記録だった。

「私はこの二日前の試験のとき、三五〇キロを目指して速度を上げていくその指揮をしていて、三四〇・八キロを出したのです。やはり緊張しました。いずれにしろ、目標の三五〇キロを超えたことで、入江正孝副社長からお祝い金が出て乾杯し、みんなで労をねぎらうため、その日は一杯飲んだわけです。いやあ、それまでの悪戦苦闘した日々を思い起こしつつ、感無量で非常にうれしかったのですね」と当時を仲津は振り返る。

「でも三五〇・四キロの記録を出した段階で、残念ながら、これ以上の高速化試験のトライは打ち切りました。となると、これでは時速三五〇キロ営業運転は諦めたということにつながる訳です。もはやトンネル微気圧波の問題を克服しなければ、高速化はもう不可能だなあということがわかったのです」

緩衝口での対策

その一方で、こうした高速化試験を指揮してきた経験から仲津は吐露する。

「ともすれば、一般の人々は新幹線がどこまで高速で走れるのかといった、スピード競争のような興味関心で見がちです。でも実は、早く走るというのはさほど難しいことではないのです。近年は科学技術が急速に進歩してきましたからね。でも環境のことを考えて、いかに静かに走るかということがもっと難しいのです」

この後、クリアすべき騒音の難問もあって、走行試験と併せて試行錯誤や車両も含めた改良が続き、結局、向こう三年にわたり繰り返されるのである。

前述したが、トンネル微気圧波はトンネルの穴径が大きくて、車両断面積との間の空間が大きいほど低減できる。また車両の先頭形状が緩やかな流線形で、しかも断面積が小さいほど、空気の圧縮の程度を低く抑えられるので、これまたトンネル微気圧波が低減できる。このため３００系と同様に、ＷＩＮ３５０も車両の高さを０系や１００系などよりも三五センチ低くした三・三メートルで設計していたので、断面積もおのずと小さくなっていた。

「それでもこんなにも大きな騒音が発生するため、社内では解決すべき最大の課題となった。これを何としても技術的に克服することが要求されたわけです」

と語る仲津だが、すでに完成している「ＷＩＮ３５０の先頭形状や断面積は変えようがないので、まず地上対策の検討から入った」

このため、広く知恵を求めて、「東北大学や大阪大学とも連携し、微気圧波では九州大学にもいろいろと研究を依頼しました。そんな中の一つにこんなアイディアもありました。トンネル微気圧波による破裂音は出口が最も大きいわけですから、『出口側で、これを打ち消すマイナスの音をぶつければ消去してくれるのではないか』。実際にトライしてみようとしたが、いかんせん相手ができすぎた。スピーカーを並べて殺せるようなレベルのものではなかった」

さらには緩衝口（工）と呼ばれるアイディアが出された。そのヒントは、「あの長大な新関門トンネルでは、トンネル微気圧波の問題が発生していないではないか。それはなぜか」だった。

加えて、一九七〇年代後半、鉄道技術研究所の小沢智研究員らが、0系の車両を使っての高速走行試験において、トンネルの穴径よりも一回り大きな緩衝口を入口に設置することで、時速二二〇から二四〇キロ程度までならばなんとかトンネル微気圧波を低減できることを摑んでいた。

新関門トンネルだけでなく、トンネルの掘削を進めていく過程では、工事の都合上、横穴や縦穴を開ける必要が出てくる。工事が終わった後、これらの穴はそのまま残しておく場合もある。それが「トンネル微気圧波を吸収（逃が）し、抑制する効果をもたらしていると推測されるので、それを活かしてみよう」との提案が出された。

この対策により、トンネルの中で圧力をあらかじめ逃がしてやれば、トンネル微気圧波の成長を抑えることができるというわけだ。早速、工事をすることにした。

さらには、トンネルの出入り口付近に、長さが数十メートルで、高さは三階建に匹敵するトンネルの穴よりふた回りほど大きなフードのような囲いの構造物の緩衝口を設置した。またその両サイドには何箇所も窓を開けてやる。それによって急激な圧力波の成長（圧縮）を抑えると同時に、一部を窓から逃がしてやってトンネル微気圧波を低減してやるのだ。

確かに効果が得られそうに思えるが、これらを実際に作るとなると工事は大変だった。もちろん、工事は営業運転後の深夜の午前一時から五時までの限られた時間だけに、かなりの日数と手間をかけて作ることになった。やがて完成して走行試験を実施した。

「トンネル微気圧波は見事に克服されました。試験区間はトンネル緩衝口もある程度整備されて、ＷＩＮ３５０時速三〇〇キロ以上で走行試験を継続できるようになりました」と仲津は語る。

だが新幹線の全区間の全トンネルの出入り口において、この工事を実行しようとなると問題は大きかった。

「やはり限られた深夜の時間に作らないといけないので、何かと制約がありました。それに、路線が完成して後の工事となる緩衝口だけに、工事が難しかったり、トンネルの地形によっては設置が難しい。工事用の道路も確保することができない場合もある。もちろん費用もかさむので、これまた困難が伴うのです」

なぜソニックブームが

となると、「結局、トンネル微気圧波対策は、車両側で解消させる方策を見出さなくてはならない」ことになった。残された対策案について仲津は解説した。

「こうした経緯の中で、小濱教授に依頼し、ずいぶん協力をしていただいた。学生さんも連れてこられて計測をやっていただいた。それによっていろんなことがわかってきたのです」

小濱も語った。「ＷＩＮ３５０について頼まれたときは、仲津さんが本部長だった。トンネル微気圧波も含めていろいろ問題は出ていたのだが、トンネルドンだけでなく、車両の屋根の上のパンタグラフのカバーがでかかったので、そのため空気抵抗が大きくて、空気の流れにとんでもない乱れが起こっているし、騒音も高い。どういう風になっているかを計測していただけないかという依頼がきました」

一九九三年三月一日、小濱教授のチームは九州に向かった。ＪＲ西日本の車両基地が博多にあるので、そこを拠点にし、山陽新幹線の小倉—博多間で試験走行していたＷＩＮ３５０の計測を行ったのである。

この他の走行試験としては、沿線の人口が一番少なくて、周辺への迷惑が最小限にとどめられる山口県の小郡—新下関間、あるいはもっと東に行って徳山付近でも実施したと仲津は語った。

そこで屋根の上の空気流の乱れの要因となる境界層や空気抵抗などの測定を行った。もちろん深夜である。

「異なる車両の屋根の上の数か所の境界層の上り、下り走行時、および明り（トンネル以外の開放空間）区間、トンネル区間の場合について測定している。トンネル出入り口で大きく速度が変化する様子が（測定グラフに）示されている。これはトンネル突入時に逆流が生じ、やがて列車に空気が引きずられ、出口で再び元の速度に戻るためであるおおよその形状が（測定グラフ上において）アルファベットの〝Ｍ〟の形をしている。トンネル出入り口におけるこのような流れの変化は、微気圧波との対応、そしてパンタグラフへの影響などと関連して重要であろう」（『高速列車の開発と空力問題』）

こうした計測結果を受けて、仲津らは第一章で紹介したように、パンタグラフの騒音問題では、空気抵抗の少ないフクロウの羽根がもつ鋸状の羽毛（セレーション）を応用してT型とする考案によって、問題の解決に漕ぎつけるのである。

ＷＩＮ３５０で最も深刻だったトンネル微気圧波の問題についても小濱教授は、山陽新幹線の厚狭《あさ》—下関間にある埴生《はぶ》トンネル（全長三・四キロ）で、トンネルドンを視察し、この問題にも取り組んだのだった。

「私は興味があって、後輩がＪＲ西日本に勤めていたので、体験してみたいんだけどと言って、トンネル微気圧波を体験したのです」

試験車両がトンネルに突入すると、出口で大きな「ドーン」という空気の破裂音が周囲に響き渡った。この音を現地で聞いた小濱教授は、「超音速境界層の乱流遷移について」の研究を進めてきた専門家だけに、すぐさま思った。「これはまさしく超音速機が発するソニックブームと同じではないか」

だが新幹線がトンネルに突入する速度は音速よりはるかに遅いマッハ〇・二五の時速三〇〇キロ弱である。にもかかわらず、山陽新幹線のトンネルで起こっている。しかも、すでに最高時速二七〇キロで営業運転を行っている東海道新幹線の「のぞみ」では、このようなトンネルドンは起こっていない。それはなぜか。

この後、小濱教授はこのトンネルドンの問題解決に向け、ＪＲ西日本に協力する形で取り組むのである。

ＪＲ西日本５００系の開発

ＷＩＮ３５０の走行試験で得た知見を盛り込んで、この後、営業車両の５００系が開発される。だがそのときも引き続き仲津英治は責任者となって、トンネル微気圧波の問題に取り組んだ。こうした日々を振り返りながら、その舞台裏を紹介する。

「東海道新幹線に続く山陽新幹線は、全線五五三・七キロの内、実に五一パーセントがトンネルで、トンネル新幹線あるいはモグラ新幹線とかあまり有難くないニックネームをもらっています」

しかも山陽新幹線のトンネルは長くてその数も多い。それだけに、ＪＲ東海やＪＲ東日本以上に「トンネル微気圧波問題は、最大の壁となったのです」

このため、鉄道総研の空力研究室に大掛かりな実験装置を作ることにした。トンネルを想定した筒に、先頭形状を模して作った六〇分の一の模型を高圧ガスによって三〇〇キロの速度で弾丸のように打ち込んでやる。そのときに発生する筒内および出入り口の圧力波などを計測する装置である。

「このとき使った何種類もの模型を用いての実験結果から得た結論は、やはり模型（先頭車両）の先端から長手方向に向かって輪切りにしていったときの断面積の変化率が、一定である形状がベストだということが実証されました。

さらには、断面積の変化率が一定で、しかも列車の先頭形状として実用上も使えそうな形となると、楔形と回転放物面体の二つでした」

この楔形はＷＩＮ３５０を進化させた新たな先頭形状で、小濱教授が提案したものだった。最高時速二七〇キロで走る３００系の緩やかな先頭形状の流線形カーブを踏まえつつも、さらに鋭い楔形をしていた。しかも両サイドにはつばのようなアジャスタ・フィンが立ち上がっていて、真ん中の部分は一段低くなっている。その断面は溝が浅いU字溝のような形である。

この形にした狙いは何か。楔形であることは、３００系でも同様であってすでに前述したが、あらためて繰り返しておこう。

先頭形状の断面積の変化率をできるだけ一定に推移させた楔形は、列車がトンネルに突っ込む際、車両の断面積が徐々に大きくなっていく。だから、押し込められる空気によって生じる圧力変化がそれほど急激ではないので、発生するトンネル微気圧波の強さも抑えられるのである。

それとともに、「トンネルに突入した際に、両サイドのつばが壁の役割を果たして、圧縮された空気の流れの多くを、楔形の先頭形状に沿って先端部から屋根の上に押し上げてやることができる。それは、できるだけ空気流が左右に逃げないようにするためです」と小濱教授は語る。

とくに上下線の列車がトンネル内ですれ違う際には、両車両の間隔は一メートルほどしかない。またトンネルは丸型の断面だから、上下線の各列車の外側両サイドとトンネルの側壁面との間の空間もまたわずかしかない。空間的にかなりの余裕があるのは上部だけとなる。

このため前面から受ける空気の流れの多くを、先頭車両のU字型の溝に沿って上面の屋根の上まで押し上げてやる。しかも両サイドにはあまり流さないようにすることができるので、空気の圧縮の程度も低くなって、トンネルドンに結びつく影響は少なくなる。さらには列車のすれ違いざまの風圧も少なくできて、上下線の両車両とも横揺れを防ぐことができる。

その点、０系の車両の先頭部形状は円錐形だけに、左右に押し分けられた空気流が多くて、対向の列車やトンネルの壁にぶつかっての干渉が強まる。それだけに、圧力変化が著しくなり、トンネルドンも大きくしてしまうのである。

加えて、これらの効果をさらに高めるために、先頭形状のサイドに空気口も設けていた。

だがＪＲ西日本は小濱教授の提案のアジャスタ・フィンには難色を示した。その理由について小濱教授は語った。

「アジャスタ・フィンというのは私のアイディアを基に、近畿車輛がデザインしたものでした。ＪＲ西日本のコンペに出したのですが、いいことずくめなんだが、横から風が来たときの影響が大きいだろうということで採用されなかった。結局、川崎重工が提案したモデルが採用された」

確かにつばが立っているので、その分だけ横風の影響を受けやすいというものだ。ＪＲ側は、デザイン的な観点からも、先頭が尖っていないことを嫌ったともいわれている。

選定されたのは川崎重工が提案したモデルで、これが後の５００系となって登場することになる。

この川崎重工案の回転放物面体とは円錐形に近いが、横から見たときには、外形の線が緩やかな放物線を描いて円錐形よりもやや膨らみがあり、いわば弾丸やロケットの先頭形状とほぼ同じである。

こうした計測データも踏まえて、仲津は「断面積に比べて、全周の長さが一番小さい円形断面であれば、走行時の抵抗も減るであろうと考えて、回転放物面体の方を選択した」と語る。

回転放物面体は小濱教授が提案した楔形の先端形状の応用例でもあった。先端部は鋭く尖っているが、その上面は楔形で、断面積変化率も緩やかだった。

特筆すべきはその流線形部分の長さである。一五メートルもあって、それによってトンネル突入時の圧力変化を抑制して、微気圧波の発生も抑えている。しかも丸く出っ張った運転台上部のキャノピー型の形状も小濱教授の考え方が引き継がれていた。

「野鳥の会」の鉄道技術者

この回転放物面体の先頭形状は、仲津が趣味とするバードウオッチングから知り得ていたカワセミのことを思い出させるものだった。

仲津は「カワセミと500系新幹線電車」と題する草稿において記している。

「500系新幹線の先頭形状はカワセミに極めて近似したのである。大がかりな実験装置を使い、スーパーコンピューターを駆使したシミュレーションの結果が、空中から水中へ小魚を捕食するためにダイヴィングするカワセミ、あのクチバシから頭部にかけての形状に我500系新幹線電車の先頭車は酷似したのである。つくづく自然界にヒントがある、答えが有り得ると体感会得させてくれた走行試験だった」

自然界の生き物は、進化の過程を経て、最も抵抗の少ない理想的なくちばしの形を身につけるようになったのであろう。でも厳密にいえば、カワセミのくちばしは回転放物円体ではないが、断面積の変化率はほぼ一定であると類推ができた。

「ということは500系の先頭形状は、自然が造形したカワセミに近づいたといえるでしょう。でも、鉄道の場合は先頭車が折り返し運転するときには最後尾にもなるので、カワセミや飛行機あるいは自動車とは異なります。先頭車にとっては最善の形状であっても、最後尾になったときにもそうだとは限りません。

横揺れが激しかったりするからです。このため、部下の同窓で、当時、文部省の管轄下にある宇宙科学研究所に所属する航空機やロケットの研究者である藤井孝藏さんに相談したのです」

その結果、高度な技術が必要となるＣＦＤ（数値流体力学）を、「そのなかでも、特に条件の厳しいトンネル内で列車が高速ですれ違う時の、トンネル微気圧波や空気流による振動や騒音の問題などを、世界一の最高速を誇るスーパーコンピュータＶＰ４００およびＶＰＰシリーズによるシミュレーション解析をしてもらいたいと委託研究としてお願いしたのです」

これまでＪＲ西日本が積み上げてきた鉄道技術とは異なる高度な航空技術を取り入れようとしたのである。その結果、「楔型先頭形状も、（５００系の先頭形状の）回転放物面体の先頭形状もいずれも（騒音の原因となる）空気圧力波、空気流による振動などは大きな問題とはならないことが判明した」

すでに第一章で紹介したように、カワセミのくちばしを参考にしたと語る仲津は「野鳥の会」の会員である。断然、自然志向の技術者であって、「自然の知恵に学べ」と力説する。とともに、高速化では大きく先行している航空機技術そして航空技術者に対しても敬意を表している。

仲津英治

「５００系は鉄道ファンはもちろんですが、その先頭形状は美しいとか、カッコイイといわれて、大変人気が高い。その理由の一つはやはり、自然が生み出した理にかなった造形だから、無意識にも抵抗なくスンナリと受け入れられるのではないでしょうか」

仲津は５００系の先頭形状によって空気抵抗を減らした結果、「３００系に比べ、出力は一万八千キロワットと一・五倍、最高速度は時速三〇〇キロで（二七〇キロの３００系と比べて）

一割強上であり、通常速度が一割以上アップすれば、エネルギー消費は速度の二乗に比例して増えるはずである。ところが実際電力消費は新大阪―博多間で測定したところ、３００系の二万三千キロワット時に比べ、二万キロワット時と一五パーセント下回ったのである。（中略）明らかに走行抵抗の減少が主たる理由である」（前掲書）

となると、一般の人たちは「きっと、列車の先頭形状を流線形（回転放物面体）にしたからだ」との理由を上げるであろう。ところがそれは「せいぜいが一割程度に過ぎず、違う」というのである。

５００系の新幹線列車の編成は一六両編成が一般的である。「だから走行（空気）抵抗の大半は、一六両のうちの中間部分の抵抗である」というのだ。

確かに一六両編成の列車ともなると全長が四〇〇メートルもある。このため、大きな空気抵抗を生じさせる個所として、床下の形状が非常に大きな割合となる。特に部分的にむき出しにならざるを得ない台車付近のカバーをどういう構成にするか。あるいは車両同士の連結部の隙間をどれだけ小さくできるかや、そのほか列車表面の凸凹である。これらは古くから課題とされてきた。

そうしたことすべてを含む車両全表面の空気流による摩擦抵抗の問題がある。そのとき、小濱教授が専門とする境界層によって作用する空気抵抗が重要な意味を持ってくる。

小濱教授が実際の列車の走行試験で計測したデータ結果でもそうだったが、「列車周りの空気流を確かめる（計測する）と、表面から一・五メートル以内の空気は列車に追随して進行方向に向かっていることが判った。つまり列車は厚さ一・五メートルの空気のマントを引きずって走っていることになる。これが空気抵抗なのだ。筆者は繰り返し、繰り返し体験して、このことを実感した」（『高速列車の開発と空力問題』）

丸型断面のメリット

こうしたことから得た結論として仲津は強調する。「この（車両がまとった）空気のマントの量を減らすことが空気抵抗の減につながる。となれば列車の周囲の長さを短くすることが、一番である。答えは『円』である。円形が同じ面積を得るのに周囲長（円周）が一番短くて済む。円は断面効率が良いのだ。（中略）結果空気抵抗を格段に下げることができた訳だ。カワセミという自然の造形に近づいた結果、走行抵抗が減り、省エネ・省資源を実現したのである。実際に空を飛ぶ鳥の胴体の断面は全て円形である。そして車外騒音もストンと下がった」（「カワセミと500系新幹線電車」）

一般に騒音は速度の六乗に比例して大きくなるといわれている。ところが、500系は速度を300系よりも三〇キロ上げたにもかかわらず、騒音は五デシベル減っていたのだった。

仲津はＷＩＮ350に乗車して、500系とのすれ違い試験を体験した時のことだった。それ以前に300系とのすれ違いの際には、明らかに車両の動揺を感じた。ところが、500系とすれ違った時には、「ほとんど動揺は感じなかった」のである。また打ち出されてくる測定データや計器に神経を集中しているスタッフには、500系とすれ違ったことすら気付かなかった者もいたのだった。

憶測するに、仲津が「円形」断面のメリットを指摘する理由の一つとして、次のような現実があるのではなかろうか。

500系は鉄道ファンのみならず、その姿の美しさは今も人気ナンバーワンである。にもかかわらず、一般の予想よりも早く、第一線から退場しつつある。その理由は、断面が角である他の新世代の新幹線車両と違って丸まっているため、足元が窮屈であるとか、天井の隅も丸いので圧迫感があるというのである。

さらには、先頭形状の流線形部分の長さが、700系シリーズの車両に比べて三割前後も長いので、その分だけ二列で合計一二席分の座席が減り、収入減につながる。しかも、ダイヤが乱れたりして、500

系以外の車両に乗り換えねばならない事態が起こったとき、グループの客の一部の人が別の車両に移らないといけないといった運用変更の際の互換性がない。となると、お客さんからクレームが出る恐れがある。といったことなどが挙げられている。

だが「500系は二十世紀の人類が送り出した鉄道車両の最高傑作」との自負を持つ仲津としては、円形断面の500系がもつ価値とそのメリットを指摘しておきたかったのではないだろうか。

一説には、「500系は速度が速くて省エネであり、騒音も少なくて人気が高いにもかかわらず、早々とリタイアする理由は何か。新幹線においては中軸となるドル箱の東海道新幹線を所有していて発言権が強い新幹線のチャンピオン会社であるJR東海の営業戦略によって潰されたのではないか」とする見方があるのも事実である。

ちなみに、仲津が研究を依頼した宇宙科学研究所とは、二〇〇三年に航空宇宙技術研究所および宇宙開発事業団の三者で合併した現在の独立行政法人宇宙航空研究開発機構（JAXA）になる前の段階の文部省管轄下の組織であった。宇宙観測のためのロケットや衛星、さらには最先端の航空用ジェットエンジンなどの研究開発も手掛けている。

このように、紆余曲折を経て完成したJR西日本の500系は、一九九七年三月二十二日、新大阪—博多間を二時間十七分で結ぶ「のぞみ」としてデビューした。所要時間では不利だった「航空機との競争に打ち勝つ切り札」として使命を果たすためである。

500系は三五〇キロの営業運転もできることを確立したが、騒音や振動波による対環境問題も踏まえて、実際の営業運転の最高速度は三〇〇キロに抑えて実施することになった。これは日本で初の時速三〇〇キロの営業運転であった。

しかも、登場した一九九七年の表定時速（始発から終点までの平均速度）が二四二・五キロで、二停車駅間の平均時速は二六一・八キロである。この両数字は、TGVを上回る世界最速で、この年のギネス・ワールド・レコーズに掲載されたのだった。それは二〇〇一年まで保持された。

５００系のスピード感溢れる先頭形状のデザインは、スピードと騒音、空気抵抗の低減、乗り心地を最優先するため、空気を切り裂くような鋭い流線形にして空気抵抗を極力少なくしていた。その美しさには、誰もが惚れ惚れとするデザインである。

航空技術者がよく口にするこんな言葉がある。「見た目に美しい形の飛行機は性能も良い」あるいはほぼ同じ表現として「美しいよきデザインは機能に沿ったものである」といったいい表し方もある。後者は一九二〇年代以降のアメリカにおけるインダストリアルデザイン界を席巻した世界的なデザイナーのレイモンド・ローウィの言葉である。彼はまたインダストリアルデザイン界の先駆者でもある。さまざまな工業製品のデザインを行ったが、アメリカのペンシルベニア鉄道ほかで、幾つもの流線形の鉄道車両のデザインを手掛けて大評判を取っていた。

先頭形状は別として、歴代の新幹線車両はいずれも箱型で四角張っている。ところが５００系だけはシンプルで旅客機と似た円筒形に近い。その自然ですらっと伸びたノーズスラントは、速度では三倍の旅客機よりもかなり長くて一五メートルもある。しかも先端は鋭く尖っている。

だから鉄道ファンからは「新世代の新幹線の中で最もカッコイイ」として、その人気は今もなお不動のナンバーワンである。世界一厳しい日本の騒音規制をクリアするためには、それこそ超音速機並みの先頭形状が必要とされたのである。

JR東日本「STAR21」の挑戦

一九九二年三月に、３００系「のぞみ」が営業運転を開始し、JR西日本は試験車両のWIN350を完成させた。それと同時に、同じ時速三五〇キロ以上の速度を狙ったＪＲ東日本もまた試験車両「ＳＴＡＲ21」を誕生させていた。

ＪＲ東日本は、「これまでの新幹線の常識を破る21世紀に向けた車両」と豪語するＳＴＡＲ21は、「Superior Train for Advanced Railway toward the 21st century」であって、意気込みのほどを示した。

車両の重量を従来の半分にする軽量化も含めて、あらゆる面での高性能化、技術の高度化、デジタル化、対環境性能の向上などを目指した。それは将来の時速三〇〇キロさらには三六〇キロの営業運転の可能性を追求するもので、四〇〇キロ以上の走行も可能であることを目指す高速試験車両だった。

先にＪＲ東日本の山下勇会長から直々に協力の要請を受けていた小濱教授は、一九九二年十二月七日、試験走行が行われている上越新幹線の浦佐・燕三条間に向かった。

小濱教授は以前、３００系の車両で行ったフィールドテストでは、深夜だったこともあって、煙を流して可視化する計測が十分にできなかった。ところが再びめぐってきた今回のＳＴＡＲ21を使っての走行試験はまたとないチャンスとなった。

それだけに、準備も道具立ても十分で、これまでにない大掛かりなものとなった。中でも特筆すべきは、小濱研究室を中心とする研究グループとＪＲ東日本が組んでの、日本初ともいえる観測用のヘリコプターも動員しての計測試験だった。

その一つに、３００系でやり残していた列車最後尾の車両の横揺れ問題もあった。ＳＴＡＲ21の列車最後尾の下部のスカート（排障器）に発煙筒を何本も並べて取り付け、煙を湧き立たせながら走らせたのである。

これは航空機開発の際にも、風洞内に模型を入れて、高速の空気流に煙を混じえて流し、模型表面の空気の流れ状態（乱れなど）を観察することと同じ目的である。だが実車だけにモノが大きく、しかも高速走行するのだから、線路と平行に地上を走るのはほとんど不可能である。

このため、取材も兼ねたＮＨＫのカメラマンがヘリコプターに乗って、煙の流れの状態を線路上空から高速度カメラで撮影して、その映像を詳細に解析したのである。

すると予想していたとおり、最後尾の車両が左右に揺れるのと同じ周期で、空気の流れもまた左右に揺れ動いているのが煙の状態から確認できたのだった。

また、東海道・山陽新幹線とは異なり、ＪＲ東日本の東北・上越・長野新幹線などでは、線路の両サイドに逆Ｌ字型と呼ばれる防音壁が設けられている。これは沿線住民に対する配慮から、すこしでも台車から発生する騒音の影響を少なくするためである。

反対車線側の壁までは少しばかり距離があって密度の濃い空気流や空気振動をある程度は発散できるが、それでも反射して空気の流れを乱すことになる。

ところが逆側は壁がすぐ近くにあって、空気振動による相互干渉の起こし方が強くなるため、車両の左右の圧力が不対象になってアンバランスとなる。これもまた車両の横揺れの原因にもなっていることが確認されたのだった。

しかもＪＲ東日本の新幹線は降雪量の多い地帯を走るため、スノープロウ（除雪装置）の効果も考慮した先頭形状を決める必要もあって、より最適な形状を得ることの難しさがあった。

引き続き行われたＳＴＡＲ21の走行試験では、一九九三年十二月二十一日、この試験車両の９５２形・９５３形が四二五キロをマークした。これは日本の鉄道では最高記録だった。走行試験は一九九八年まで続けられた。

ただＳＴＡＲ21そのものはＷＩＮ３５０と違って、量産（営業用）の車両へと直接的につながるものではなかった。だが、一連の走行試験によって得たさまざまな技術は、その後、一九九〇年代に登場するＥ

2系、E3系、E4系、二〇〇〇年代に入ってのE5系、E6系、E7系の車両などに生かされることになる。

第五章　コストパフォーマンスと先頭形状

鼻を短くした700系

一九九五年、ＪＲ東海もまた、次なる新型の高速車両を実現するため、試験車両の955形300Ｘを開発した。これまたＷＩＮ350と同じく二つの先頭形状をもっていた。

一号車の先頭形状は鳥のくちばしのようなカスプ形と呼ばれるデザインである。先端部分がわずかに上向きになっていて、空気の流れを床下に誘導させている。六号車は300系を進化させたラウンドエッジ形だった。

300Ｘの両先頭形状の走行データを取ったのちに、決定した先頭形状はどちらでもなかった。一九九七年秋、ＪＲ東海とＪＲ西日本は、300Ｘのデータを踏まえて、共同で700系の量産先行車を完成させた。その先頭形状はＣＦＤ（数値流体力学）をフルに活用して進化させた空力性能およびトンネル微気圧対策に優れたエアロストリーム形と呼ばれた。空気の流れをスムーズにするとの考え方から付けられた呼び名だった。

700系の第一の狙いは、「ひかり」の後継として開発され、また次世代の「のぞみ」とも位置付けられていた。

ところが、すでに五年前に登場していた二七〇キロで運行する300系「のぞみ」によって、二二〇キロで運行する既存の「ひかり」がかなり色褪せ、その存在感が薄れていた。しかも、半年前に新幹線の最速車両である500系が登場したばかりである。

これは、東海道では二七〇キロ、山陽では三〇〇キロで運行し、新大阪—博多間を二時間一七分で走る。ところが「のぞみ」を優先させる「ひかり」は途中で追い抜かれるために、所要時間は三時間一七分もかかることになって、一時間もの差が出た。これではさらに人気がガタ落ちとなり、とくに山陽区間での利用客の落ち込みは大きかった。

それまで700系に対する方針は、「最速列車の『のぞみ』と十分に調和する次世代の『ひかり』の早急な投入を」との方針の下、「JR西日本の500系とJR東海の300系の最新技術を取り入れる共同開発」だった。いいとこ取りを狙ったのである。

だがこうした急を要する事態を受けて、JR西日本とJR東海の両者の間で新たに取り組むべき方向性について論議がなされた。「『新型ひかり』は500系をベースに開発を進めるべきか、それとも量産先行車の700系をベースにして進めていくべきか」

その結果、「新たな車両を開発しようとなると少なくとも三、四年はかかってしまう。やはり最新技術の700系をベースにして開発したほうがベターであろう」との結論に達した。

700系の開発を手掛けた開発責任者のJR西日本鉄道本部技術部八野英美マネージャーは強調している。「もちろん最大のターゲットは飛行機です。そこのお客さんを700系にもってくることです」

量産先行車を使って、一年ほどの試験走行を繰り返してデータを取り、耐久性も確認していった。一九九八年春ごろから実際の開発・設計を進めた。デビューは一九九九年三月で、山陽では最高速度は二八五キロである。

その要求仕様はかなり欲張ったものだった。ＪＲ東海総合技術本部技術開発部次長の森村勉執行役員はその狙いについて語っている。

「この車両（７００系）は車種の統一という特徴的なコンセプトを持っていた。鉄道の車両はできるだけ互換性を高め共通運用することによって効率があがる。結果として車両の編成数も少なくてすむ。ところで、一九九七年時点で東海道新幹線の上を走る編成は０系を含めてまだ七種類もあった。これから車両は統一すべきである」（『ＪＲＥＡ』二〇〇三年七月号）

新幹線の営業会社はＪＲ東海とＪＲ西日本とに分かれていても、東海道から山陽へと乗り入れて博多まで走る直通が多くなっていた。前者は線路のカーブの最小半径が二五〇〇メートルで、四〇〇〇メートルの後者とは出せる最高速度がちがってくる。しかも客層も異なる。そこに、０系や１００系の「ひかり」だけでなく、両者がそれぞれの狙いをもっても独自に開発した３００系の「のぞみ」や５００系も新たに加わり、混合して走っている。これでは両社にとって効率的な運行はできない。

７００系に至って初めて、両社にとって合理的で利益の出る運行を目指すための大々的な車両開発がなされたのである。具体的には、５００系がスピードを優先して三〇〇キロの大台に乗せる高速性を実現して鉄道ファンには圧倒的な人気を得た。だがすでに紹介したように、問題点は幾つかあった。特にＪＲ東海サイドの不満が大きかった。

その第一は、丸型断面のために、窓側の足元や天井のコーナー部が窮屈で、心理的な圧迫感も感じる。先頭形状が長いために座席数が一二席少なくなって収益の面でマイナスだし、運用上も不便である。

航空機に対抗しうることを強く意識して設計された５００系はスピード最優先で三〇〇キロ運転が可能な車両である。このため、前述のように利便性や営業収入といった数々の点で犠牲を強いられていた。しかも、７００系は共同開発とはいえ、力関係も含めて主導したのはＪＲ東海だった。

当面は、二七〇キロ以上の走行予定はないＪＲ東海だけに、５００系は過剰性能で価格も高かったのだ。だから営業収入や運行利便性を優先させる車両を新たに開発したかったのである。実のところ三〇〇キロ運転するＪＲ西日本ですら、三五〇キロの速度でも走れる５００系は、完成してみれば性能面ではできすぎで、過剰性能だったのである。

ざっくばらんにいえば７００系のコンセプトは、軽量化で高速化の元祖の３００系と、スピードに徹した５００系のいいとこ取りをする。その狙いは性能とコスト（営業収入）のバランスがとれた車両を設計する。５００系ほどスピードは必要ないが、その後に開発された新技術は取り入れる。また３００系よりはかなり居住性がよくて営業収入が高く、しかも低コストの車両とする。

となると、５００系のように長い鼻は必要なく、五・八メートル短くした九・二メートルになるのである。その上車体の断面は箱型で断面積もともに３００系と同じとし、足元や天井のコーナーはゆとりをもたせ、座席数も元に戻す方針を決めたのである。

こうした一連の求められる要求と制約条件を満たしてなおかつ、空気抵抗やトンネル微気圧波を抑えられる顔の先頭形状を開発する必要があった。そのとき多用されたのがスーパーコンピュータを使ってのＣＦＤ（数値流体力学）技術だった。

そこで開発された７００系の先頭形状は５００系と違って、誰が見てもスピード感が溢れる自然なフォルムの流線形ではなかった。欧米の鉄道も含めて、これまでの高速車両には見当たらない、複雑な三次元の顔となるのである。

コンピュータによるＣＦＤ解析

日本では自動車や家電製品、情報機器端末でもそうだが、モデルチェンジの頻繁さでは世界一である。

技術の進化が著しくて販売が急増している携帯電話などモバイル製品では、めまぐるしいばかりに一年に何回も新機種が登場してくる場合がある。

それは鉄道車両の世界でも似た傾向にあるようだ。バラエティーに富んだ日本の新幹線の顔の種類の多さは、世界の中でも突出している。このため鉄道ファンにとっては、次々に目新しい顔が登場してくるので「天国」かもしれない。

でも、人気が最も高い５００系のエクステリア（外観）のデザインを担当した世界的にも著名なドイツのデザイナー、アレクサンダー・ノイマイスターはやや皮肉を込めながら語っている。

「ヨーロッパと日本、もっといえばドイツと日本を比較して驚いたのは、日本では似たような形式の車両が非常に多いうえに、それらが現実に運用されていることです。毎年毎年、ものすごい数の形式が登場し、新しいスタイルを試行錯誤するうえでは、確かに天国といえるかもしれません。インダストリアル・デザイナーの立場からすると、すべての試みが成功しているとはいい難いものがあります」（『新幹線Ｅｘ』14号）

百花繚乱で、これでもかと登場してくるさまざまな表情をもつ新世代の新幹線の顔、顔、顔である。とはいえ、これまで紹介してきたように、それには必然性があって、高速走行を実現するために空気抵抗や騒音を抑え、しかも省エネも実現させる一挙三得の狙いがあった。

そのための方策として航空技術の数々が取り入れられたのだが、その中での代表的な一つで、これまで、その中身については紹介していない高度なＣＦＤ（数値流体力学）シミュレーション解析の技術があった。

エリアルールの考え方を取り入れた際と同様に、これもまた風洞実験とともにセットで進める先端的なシミュレーション技術である。航空機の開発では一九八〇年代から次第に多用されるようになり、より高度化していた。

その手法の手順は、目指す航空機（車両）の形状モデルを、コンピュータの画面上で、長手方向、横方向、周囲（胴周り）の方向にそれぞれ数十から数百の格子状に切る。そうすると、それらの線が交わる交点が合計数万から数十万できることになる。それらすべての点を流れる（通過する）空気流の速度や圧力、温度などを想定して計算する。

その結果をまたスーパーコンピュータに入力して、空気の流れに即して各点を繋ぎ、さらに各飛行状態に応じて、同じ計算を繰り返して、連続的に画面に映し出し、最適な形状を見つけ出してやるのである。それも、外形形状がかなり違うモデルが一〇とか二〇種類もあるので、それぞれにおいて上記の作業を行うのである。

スーパーコンピュータがない頃は、もっぱら風洞試験に頼っていた。そのやり方は、飛行機の模型を作って風洞の中心に据えて、前方から飛行速度に応じた空気流（風）を送り込む。模型に沿って発生する空気の流れや渦の状態、流速、圧力、温度などを計測する。そのデータ結果から、流れが悪いところの形状を改良して、再度、風洞試験を行う。その繰り返しによって最適な空気流が得られるまで、何回も繰り返すのである。このため、数年もの長い時間を要することもあった。

スーパーコンピュータによるＣＦＤの解析結果も、最終段階では、模型を作って実際の風洞試験を行う必要がある。両者のデータ結果を照合し、両者が一致するまで、計算方式や格子の切り方そして形状を何度も何度も修正するのである。形状の変化が大きくて（急で）複雑な曲面などは、空気の流れが激しく乱れて複雑になるので、ＣＦＤ解析と風洞試験との結果を一致させることがなかなか難しいのである。

とにかくスーパーコンピュータの出現によって、これら膨大な量の解析計算や計測のすべてが画面上の操作で繰り返して理想的な形状に近づけることができる。これにより、さまざまな条件下でのケースやいろんな形状モデルを試すことができると同時に、開発期間も大幅な時間短縮を図ることができるようになったのである。

　このCFDによる高度なシミュレーション解析を、先頭形状の開発に大々的に取り入れたことにより、新幹線車両は新たなステージを切り拓いたのだった。

　その結果、500系の先頭形状においては必然であるとして選択された、緩やかな流線形のカーブを描く超ロングノーズの先頭形状でなければとする考え方を否定するものとなった。たとえ、先頭形状が緩やかな流線形ではなくて、でこぼこしていて、しかもそのノーズの長さが短くても、空力抵抗やトンネル微気圧波が低減できる先頭形状を開発することになるからである。

しもぶくれの「レールスター」

　その結果、開発された700系の顔を、スマートなイメージの「レールスター」と名付けた。ところが鉄道ファンの目は厳しくまた正直で辛辣だった。そのフォルムからして「しもぶくれ」と呼んだのである。

　確かに300系や500系と同様に空力的な配慮がなされてはいた。運転席の視界を確保するため、航空機のようにキャノピー型も採用していた。だから、この顔のデザインは実用性能としては高度なもので理にはかなっていたのだが、技術優先のためか人気はいま一つだった。

　でもしもぶくれにしたことには理にかなう狙いがあった。たしかに先端部が膨らんでいて、そこの断面積の変化率（増加割合）が大きくなり、騒音も大きくなる。だがその位置が低いだけに、線路の両脇にある防音壁が有効に機能して、この部分で発生する騒音や衝撃波を抑えることができるからだ。

　一方、遮蔽しにくくて、しかも上下線の列車のすれ違いの際に衝撃や揺れの影響を大きく受ける車体上部の断面積の増加率は緩やかにすることでそれらを抑制しているのだった。

　加えて、しもぶくれの膨らみが終わる上部位置の、横っ腹のブルーのラインが切れるあたりをへこませている。この部分は、見る角度によっては見栄えが良くないと評判がいま一つである。でもそれは中段部分の断面積増加率を緩やかにするには、運転士の視界を確保しようとして戦闘機の風防のように出っ張らせたその部分を、どうしても他の部分をへこませることで差し引きする必要があったからだ。

量産先行車ではこの部分の見栄えが良くないためか、量産車では修正を加えたのであろう。また運転席両脇にある窓は「つり上がった目」のように見えるので、それの評判も悪かった。

このように、３００系や５００系よりも欲張った要求仕様の７００系車両は、ＪＲ側が目指した実用性能はかなりの満足度であったが、利用者や鉄道ファンが望む〝カッコイイ〟との評判は必ずしも獲得できなかった。

デザインは別としても、さまざまな技術面も含めて、７００系は新幹線車両が新たな段階に突き進んだことを如実に示していた。そのなかで最大の進化は、たとえ７００系の先頭車両の流線形部分が短くても、また先頭形状も流れるように滑らかな流線形でなくて、その途中で膨らんだり引っ込んだりしていても、空気抵抗もトンネル微気圧波も抑えられることだった。

なぜなのか。そこには航空機のＣＦＤ技術がフルに活用されていたからだった。ここで、新たなステージの水準に引き上げられた７００系の車両のＣＦＤ関係について再度触れてみよう。

エリアルールとは

いままでの高速車両に対する先入観や常識的な見方を排する７００系の途中で膨らんだ先頭形状でも大丈夫だとする理論的な根拠があった。それは半世紀以上も前に生み出された航空機設計の際に考慮されるエリアルールの基本的な考え方で、それと共通性があった。すでに簡単な紹介はしたが、あらためてここで「エリアルール」の設計手法を解説しておこう。

昔から空気抵抗を減らすための流線形（ストリームライン）の理想形として、水滴とか、サンマや鮭といった魚の姿、砲弾、船、飛行船などの形が取り上げられてきた。かなり以前から、砲弾などの物体が飛ぶとき、マッハ一付近になると、空気による粘性からその流れが乱れ、空気抵抗も急に増えて、衝撃波（音）を発するとともに振動を起こしたりすることがわかっていた。

戦前、世界に先駆けてジェットエンジンが独、英においてほぼ同じ時期に開発された。第二次大戦に突入すると、初めてそれを搭載した実戦機としてのジェット機が登場してきた。戦後になると立ち後れていたアメリカが国力を生かして、ジェット機の開発を精力的に進めて抜き出ることになった。

一九四〇年代後半頃から、米軍は超音速の壁に挑もうとして、航空機メーカー各社にジェット機の設計を命じて競争させた。ところが、どんな形の胴体や主翼であれば、最も空気抵抗が少なくて高速性を得られるかについてはまだよくわかっていなかった。

このため、大戦中にドイツのジェット機が採用していた、従来の飛行機の主翼を後方に傾斜させる「後退翼」を取り入れた形や、デルタ（三角）翼などで試作機を作り挑戦した。

その中の一つであるノースアメリカン社のF―１００は、早々と音速を軽く超えた。ところが競争相手のコンベア社のデルタ翼型のYF―１０２は、同じジェットエンジンを搭載していながら、どうしても音速の壁を突破できず、追い込まれることになった。

このとき、窮地を救ったのがNACA（米国航空諮問委員会、現NASA）のリチャード・ホイットカムだった。彼独自の発想による航空機設計の考え方は、従来とは大きく異なっていた。それまでは高速機を設計する場合には、空気抵抗をできるだけ少なくするために滑らかな曲線のロケットのような流線形の胴体とし、その後端は細く絞るべきだとされていた。そうした形状の胴体に、主翼や水平・垂直の尾翼、少しばかり出っ張ったパイロットの風防をつけて設計する考え方だった。

ところが彼は、マッハ一前後の遷音速機を設計する際の基本的な考え方として、「胴体も主翼も尾翼も風防もすべて一体として扱う」との理論を打ち出した。それは機体の先端部で発生する衝撃波によって空気抵抗が急増するが、それを抑えるための方策であるとしたのである。

その具体的な設計のやり方は、「胴体の先端部（機首）から後尾までを順次輪切りにしたときの、それぞれの断面積の変化（率分布）をできるだけ少なくするようにすべきだ」とした。それも空気抵抗が最も少ないサインカーブに似た「シャーズハック形になるよう分布させるべきだ」としたのである。

航空機の形状からして、機首部分は胴体だけなので断面積の変化は緩慢である。だが主翼が付いている部分になると急に増えて、そこでの空気抵抗は急増する。このため断面積の変化を少なくするとの先の考え方から、主翼の付け根の前後の胴体部分にあえて膨らみをもたせ、それにより主翼によって増える断面積の分を吸収してやるべきとの理論を打ち出したのである。逆の言い方をすれば、航空機の主翼の付け根付近の胴体に「くびれ」を作る外形形状にしたのである。そうすれば衝撃波による空気抵抗は必ず減らせると主張したのである。

ホイットカムはくびれをもった胴体のジェット機の模型を作り、ＮＡＣＡのラングレー研究センターの遷音速風洞を使って、膨大な実験を行った。すると、空気抵抗はそれまでの半分近くに減り、自身の着想が理にかなっていることを実証したのである。試作機は超音速をみごと突破することができ、そればかりか競合機のＦ―１００をしのぐ高速性を実現したのだった。

一九五四年、彼はこの功績によって、アメリカ航空界で最も権威のあるコリア・トロフィーを受賞した。この曲線は、当時のハリウッド映画の人気女優「マリリン・モンローのグラマラスなボディラインと似ている」と称されたものだった。

昭和三十年代半ばに完成した日本初のジェット練習機Ｔ―１Ｂや、やはり初の超音速高等練習機Ｔ―２、

ＹＳ―11など数々の航空機を設計してきた元富士重工の鳥養鶴雄は、このホイットカムのエピソードを踏まえつつ語った。

「航空機の性能が飛躍的に進歩するきっかけは不思議なものです。決して理詰めとか理論的な解析から生まれてきたものではない。ホイットカムのエリアルールやブーゼマンの後退翼、さらにはリピッシュのデルタ翼も、先に彼らの独特な発想がまず最初にあったのです。そのあと、実験を重ねて理論的に裏付けたものなのです」

でも旅客機の最高速度はマッハ〇・八七程度の亜音速機なので、胴体にくびれをつける必要はなく、寸胴である。

ところが、ジャンボジェットＢ７４７の最高速度もやはり同じなのに寸胴ではない。胴体の機首部分のみを二階建てにしたため、上部がこぶのように盛り上がった形となっている。貨物輸送機としても設計された７４７は、胴体前部からコンテナを積み込むため、それまでの旅客機にはない、このような不格好になったのだが、それが幸いしたのだった。

このため、亜音速機ではあったが、エリアルールの理論にかなう形状となっていたので、空気抵抗が減る（抗力発散マッハ数が高められて）効果が得られたのだった。でもマッハ一をかなり超える戦闘機や超音速機の「コンコルド」などは必ずエリアルールに基づいて設計されている。

いま紹介したように、５００系の車両の先頭形状は従来の航空機の形状であるロケットに似た滑らかな流線形だった。だが７００系は、エリアルールと同様の考え方を取り入れていた。しかも鼻の部分の中には収納される連結器など幾つもの装備が内蔵されている。その影響で、流線形の途中が膨らんでいたりくびれたりしている「しもぶくれ」顔となったのである。

「新幹線の理想型」N700系

二〇〇〇年代に東海道新幹線を走らせようとする車両には、さらなるもう一段の進化が求められた。たしかに700系の登場によって、300系「のぞみ」と併せて「全列車の時速二七〇キロが実現した」と高らかに宣言した。でもこの言葉は正確ではなかった。

なぜなら、全国の新幹線の中で最初に建設された東海道区間は、線路のカーブの最小曲線半径が最も短い二五〇〇メートルの曲線区間が五〇カ所もある。そこでの通過速度は二五〇キロに落とさざるを得ないからだ。となると、この曲線の入口では減速し、出口では再び加速することを繰り返す。それだけ電力も多く消費していることになる。しかも所要時間は長くなっていたからだ。

このため、JR東海は700系を進化させたN700系車両の開発を進めることにした。この時掲げたスローガンは「すべてにおいてワンランク上を」とか「東海道新幹線の切り札」「日本の新幹線の理想型を凝縮した現時点での最大限の技術を結集した車両」だった。頭に〝N〟を付けた理由は、「ニュー700系」とか「ネクスト700系」の意味が込められているからだ。

狙いは、全区間において時速二七〇キロに向上(パワーアップ)させる最速の車両で、所要時間も短縮し、車両の軽量化そして省エネも実現する。相反する条件を満足させる要求内容だった。でも新幹線車両の進化の半世紀は、それらを実現するための歴史でもあったが、N700はその中で最も厳しい条件下にあった。と同時によりいっそうのサービス向上も目指していた。

さらには、山陽区間では最高速度であった700系の二八五キロを、N700では三〇〇キロに向上する。東京―大阪間のみならず東京―博多間においても、これまでを上回る最速の車両を実現させることを目標とした。だが一般的に、速度向上は乗り心地や車内の静粛性(騒音)を悪くするものである。

このため、開発陣は目指すべき目標を次の三点とし、開発のコンセプトとして取り組んだ。

（一）東海道・山陽新幹線として最速のハイテク車両
（二）乗り心地や静粛性の向上など快適性を徹底的に追求した車両
（三）環境への適合に努めるとともに大幅な省エネルギー化の実現

具体的には、（1）500系のマイナス面を解消して実現した700系の先頭車両の客室の定員数や居住性は同等であること。（2）乗務員の操作性を確保し、地上設備への影響も及ぼさない。（3）先頭車両の長さも700系より長くせず、ドア位置は従来の車両から大きくずれないこと。（4）乗務員に対する配慮としての運転台の居住性や前方の視認性、機器の操作性は700系と同じにすること、などである。

スピードアップに伴って生じる騒音やトンネル微気圧波の増加は認められない。むしろ低減するとの条件はかなり厳しいことだった。これらは先頭形状の開発を担当する技術者たちに重くのしかかってきた。

こうした一連の技術課題を克服するため、なかでも最も実現が難しいと予想されていた先頭形状の開発を命じられたのが、当時、JR東海の新幹線鉄道事業本部車両部車両課（JR東海の総合技術本部技術開発部研究員）の成瀬功《なるせいさお》グループリーダーだった。序章でも少しばかり紹介した成瀬の鉄道会社への志望動機はこうだった。

「私は理系ですからとにかくモノづくりをしたいとの思いが強かったからです。就職活動でいろんな方々にお会いした際、自分より少し上くらいの年齢の方々が、『最新の鉄道車両を自分たちの手で作って動かしているんだ』と熱っぽく話すのを聞いて、そんなところで仕事をしたいなあと思ったからです」

一九九二年にJR東海に入社した成瀬は鉄道事業本部の職場に配属された。「一年弱は研修ということでメンテナンスの検査や整備、修理などの職場にいた。でもこれといった仕事をするのではなく、小僧みたいというか、基礎的なことを、例えば車両のどこにどんな装置やモノが装備されていて、どんな仕組みで動くのかといったことを一通り学んだ」

その後の二年間は、現場の車両基地に移り、ヘルメットに作業服姿で本格的な研修となった。昔から鉄道省や国鉄では入社した技術系の学卒でも、一年とか三年ほどはこうした実際の現場をまわり、また列車の運転なども一通り実習体験することを原則としていた。

一九九五年、車両課に異動となって成瀬は鳥居昭彦課長代理の下で車両の設計を担当することになった。最初の四年間は700系のパンタグラフの設計を担当した。

その後、一九九九年に700系がデビューした前後から、「すでに次なる新車両（N700）の先頭形状の研究も同時並行で進めていた。だがそれはまだ具体的な計画として決まっているわけでなく、もし次なる車両を開発するならばということでした」と語る。

先頭形状づくりの新たな手法

三年後の二〇〇二年、成瀬はJR東海の技術開発部門の総本山となる愛知県小牧市にある総合技術本部技術開発部に異動した。そこで彼はパンタグラフより大物の開発を担当することになった。JR西日本と共同で、N700系の先頭車両だけでなく、空気抵抗を少なくするための全周幌などの開発も含めて本格的に取り組むことになった。

「700系の開発のときもそうだったが、実際の設計作業になるとがむしゃらに進んでいくという感じです。やりがいはあるが、とにかく与えられた目標を完成させなければならないという思いでいっぱいでした」

でも成瀬は、700系では先頭形状の設計は担当していなかった。このため、まずは先輩たちが手掛けてきた300系や700系がどうやって開発されたのかを細かく調べて学んだ。

すると、「これは今まで経験した仕事と違って、すごくいろんなことを考えないととても実現できないと思いました。それは単に空力的なことや先頭形状だけでなく、その中に収めるいろんな装備の配置なども含めて、車両全体としてきちんとやり遂げねばならないことがわかった。こりゃ大変だなあ！」とあらためて責任の重さを感じたのだった。

車両課でこの開発を主に担当した車体チームは六人ほどで、話し合いながら作業を進めていった。その際、ＪＲ西日本とは、７００系や試験車両の開発時と同様に共同で進め、両社が定期的に打ち合わせをし、互いにノウハウを持ち寄っていた。

「われわれの側から見て、開発に関してＪＲ西日本さんも結構こだわりが強くて、独自の考え方をもっているなと感じました」

このとき、かねてから両社間で問題とされてきた５００系と７００系の違いとなる座席数や乗務員のドアの配置などについてはどうだったのか。「この段階では、ＪＲ西日本の担当者と直接的に議論するということではなく、７００系と同じにしたらどうなるのかというのを前提に話をしていました」と語った。

成瀬　功

前述したが、開発部ではすでに７００系の開発を完了させていたので、「最大の課題であるトンネル微気圧波を低減するための手法として、コンピュータ上で先頭形状を数センチや数十センチの間隔で縦に輪切りにしていって、その曲線の増加割合を一定に変化させていくとの知見とノウハウがすでにありました」と語る。

そのため、まずはこの知見に基づいてＮ７００系の先頭形状のシミュレーションを行うことにした。そのときの設計条件は、「７００系が時速二五〇キロのときに発生するトンネル微気圧波の値以下に抑えること」とした。その上で、Ｎ７

00が目標とする速度向上などの諸条件の値をコンピュータにインプットしてシミュレーションをした。

「すると速度が速くなっていることもあって、先頭形状は700系よりも三・八メートル長い流線形の一三メートルが必要であるとの数字が出てきたわけです。これでは目標にしている『先頭車両の定員や地上設備への影響は及ぼさない』を実現できないことになる」

すでに700系の先頭形状の長さでさえ、地上設備に影響を及ぼさない範囲のぎりぎりまで目いっぱい長くしていたからだ。

「これを無視して、もっと長くしようとすれば、地上設備の大幅な改良が必要となるので、それは現実的ではないし、許されない」

それだけではない。乗務員のドアを付けると、乗客定員が二列減って一〇人分の座席が少なくなってしまうとの結果が出た。となると、これではせっかく500系の改良で一二席増やした700系から後退することになってしまう。また「少しでも多くの乗客を」との営業戦略を実現できない。加えて、N700系のコンセプトは、「700系との共通運用が大前提で、300系と号車別定員を同一にして、新幹線輸送を効率的に行うこと」が大前提になっている。

その理由について成瀬は解説する。「例えば、グループで乗っているお客様が700系を予約していて、もしN700系に乗ることになると、そこでグループの誰かがどこか離れた別の座席に移らざるを得なくなる。絶対にそういうことになってはいけない。だから、号車別定員とか編成の中の号車の中の定員を合わせるということにすごくこだわりがあったのです」

成瀬の上司でN700系の開発責任者の田中守車両部担当部長から予想どおり「一三メートルの長さは会社としてだめだ」と言い渡された。

「700系で得た車両の断面積の増加割合（変化率）を一定に変化させていくとの設計の考え方は、われわれの最高の技術であると思っていたのだが、それがN700の開発においては、そのままでは通用しないことになった。ならば、N700系の先頭形状は全く新しい手法を用いて開発しなければならない」

700系では、500系の考え方を一段進化させ、緩やかで超ロングノーズの先頭形状でなくて、しかもでこぼこしていても、断面積の増加割合をほぼ一定にさえすれば、空力抵抗やトンネル微気圧波を抑えられる設計手法を開発した。

ところが、N700系は700系よりも最高速度を上げることを目指すが、逆に騒音やトンネル微気圧波はより下げて静粛性を高めることを狙っているため、700系で使った設計手法では実現できないことがわかったというのである。

となると成瀬らは、「先頭形状のどこを短くできて、しかも性能のいいものを作る、という発想で設計し直す」こととし、新たな手法を模索することになった。と同時に、これまでの車両開発でも協力体制を取ってきた長い付き合いの車両メーカー、川崎重工や日立製作所、日本車輌製造などからも知恵を借りることとした。

なかでも川崎重工の航空宇宙カンパニーは自衛隊向けの戦闘機や対潜哨戒機の開発・生産、さらにはボーイングと787などの旅客機を共同開発・生産を行っている。航空機の開発では空気抵抗の低減や騒音の抑制は宿命的な課題であり、それを克服するための流線形の機体形状の最適化には常に取り組んでいた。

成瀬らはコンピュータ上でのトライ・アンド・エラーを繰り返していった。その結果、新しく二つの手法を試みた。

一つは、それまでの700系の断面積分布を基にして、「微気圧波を下げるための寄与度を考慮した、断面積の増加割合の分布をいじってみる手法です。700系の先頭形状のように、増加割合を一定で緩やかにすることはできないので、部分的に急にすることにした。そのときトンネル微気圧波がどのように変化するのかをコンピュータでのシミュレーションによって調べてみたのです。すると７００系よりも小さくなる形状があることがわかってきた」

先頭形状の鼻先の部分や屋根に近い部分などは、傾きを（断面積の変化の割合）を急にして先端部を切り落としても微気圧波の発生が強くならない箇所があることがわかったのである。一方、中間部分の運転台付近は寄与度が大きいので、断面積の変化は緩やかにする必要がある。となると、７００系の考え方である断面積の変化の割合を一定にしなくても構わないのだとなった。もうこの段階では手作業で進めていくことになったという。

初の「遺伝的アルゴリズム」採用

「じゃあ、この二カ所を最適な線で繋ぐにはどうしたらいいのかとなって、次の段階の『遺伝的アルゴリズム』という最適の手法があるということで用いたのです。そして微気圧波の発生が急激に大きな山としてドーンとくるのではなく、その騒音のピークを避けて、ラクダのこぶのように二つの山に分散する。それによって最大値となる山のピークを低くしてなだらかな盛り上りにした。でも、このときのバリエーションは幾つもあって、山の変え方や組み合わせ方などによって三山とか四山にしてもいいのです。

それをコンピュータ上において、遺伝的アルゴリズムを使ってシミュレーションしていく。結局は、中に収める装置機器との関係や運転台の位置や出っ張り、視認性なども考慮して、あのＮ７００系の最終的な形状になったのです」

この手法が、航空機開発だけでなく、新世代の新幹線車両にも使われだした最新のＣＦＤ技術であった。「生物の進化の過程を模擬して最適形状を見つけ出す計算手法の、ＣＦＤに基づく『遺伝的アルゴリズム』です。航空機の主翼形状などを空力的に最適化する際に用いられたものを新幹線の先頭形状に改良して使用したのです」と語る。

このように、遺伝的アルゴリズムを鉄道車両の先頭形状の開発にも用いたのはこのときが初めてであったという。

「この間、いろいろなケースを何度も繰り返してトライしました。長くしたり短くしたり、こちらを高くしたときには、こちらを低くしてトンネル微気圧波が抑えられるようにするといった、そうした組み合わせの五〇パターンほどを作る。そのあと、一パターン当たり一〇〇回ほど試行錯誤をして、合計五千パターンくらいトライして検証を重ねていきました」と成瀬は語る。

すると、コンピュータのモニター画面には、断面形状の変化率を示す幾重もの右肩上がりの実線が描かれていった。このとき遺伝的アルゴリズムの興味深い重要な特性がある。

「遺伝的アルゴリズムの最大の特徴の一つなのですが、突然変異というのがあります。それはシミュレーションの過程で、『ときにはそれまでやってきた方向とはまったく逆のことをやってみよう』と試してみてくれるということが起きるのです」

このトライによって不適当なものが淘汰されるようにする。そうしたことが何回も重ねられていって、これまでにはない最適な解が見つかり、より良い最適形状に収斂させていく。でも、一つに絞りきることはできず、甲乙をつけがたい数パターンが残ることもある。

「こうしたコンピュータ上でのシミュレーション作業だけで結構時間がかかりました。二〇〇二年、その翌年はシミュレーションばかりやっていた。先頭形状の中に収める『臓物の装置機器の配置がこうなるから、この面積をもうちょっと大きくしてくれ』とか『少し小さくてもいいよ』とかとなって、そうなると、またやり直さなくてはならなくなる」

そうしたことを繰り返していく作業と併行して、車両を構成する諸要素としての運転台の機器の配置やデッキの構成、客室の構成やドアの位置などの検討を進めていった。そのとき、ドア入口の形状は、７００系が二次元であったのをＮ７００系の先頭形状に合わせて三次元にした。このような作業をへた後に、全体として最適化した最終型の先頭車両を作り上げていったのである。

この後、東京・国立にある鉄道総研において、最終型となる先頭形状の軸対称モデルとした六〇分の一の模型を作った。それを空気砲のような射出装置を使い、円形断面のトンネル（筒）の中に時速三〇〇キロでドーンと打ち込むのである。その際に発生する微気圧波を計測して、そのデータとコンピュータ上のシミュレーションで得たトンネル内の微気圧波のデータと一致するかどうかを確認し、必要ならば形状を修正したのである。

その結果、完成した先頭形状の長さは７００系の九・二メートルよりはやや長くなったものの、一〇・七メートルに収まり、最初の設計のときの一三メートルよりかなり短くできて、当初の要求条件をなんとか満たすことなった。それは、今までの常識とは逆の答えが出ていた。

車両の先端を尖らせた方が良いと思い込んでいた。でも先端部を切り落として団子のように膨らんだ鼻としても微気圧波の発生はさして変わらない。そのことにより、たとえ断面積の増加割合が大きくなっても、その後方部分の断面積の増加割合はその分だけ小さくしてやってカバーしているのだ。ちなみに、団子のように膨らんだ鼻の中には、必要な連結機などをの装置機器を入れるスペースが確保されている。

成瀬はこうした一連の作業を振り返りながら締めくくった。

「Ｎ７００系は今までの新幹線車両にはない初めての特異な形でした。だから、本当にこういう形でよいのかということがわからなかったので、きちんとした手順を踏んで確認していくということで、射ち込み試験なども含めて正確なデータを取って検証した訳です」

数年前に筆者は、宇宙航空研究開発機構（ＪＡＸＡ）航空宇宙技術研究センター（調布）の近くにある最新設備を備えた分室（三鷹）で開発を進める次世代超音速旅客機（ＳＳＴ）の取材をしたことがある。その際、この開発を指揮している村上哲上席研究員から話を聞いていた。そのとき、カラー画面上に映し出してくれたＳＳＴの開発に向けた第二ステージの超音速実験機の機体画像が、「これは遺伝的アルゴリズムによるシミュレーション解析と風洞試験の結果とを付き合わせながら作り上げた機体形状です。

　このときの遺伝的アルゴリズムは『逆問題によるタカナシ（高梨進が生み出した）の手法』に基づく設計で、これはＪＡＸＡが独自に開発したもので、世界にも誇示できます」と強調していたことを思い起こした。

「生物の進化の過程を摸擬した」とする、あまり聞き慣れない「遺伝的アルゴリズム」とは何か。航空機の開発などにおいて使われている、ＣＦＤを駆使した最新のシミュレーション技術である。このソフト技術を活用して風洞実験とセットで解析を進め、最適な形状を創出するのである。

　この「遺伝的アルゴリズム（ＧＡ＝Genetic Algorithm）」のシミュレーション技術は、その名のとおり、５００系を開発した仲津も強調していた「自然（生物）に学ぶ」姿勢から生み出されていた。これにより、新幹線でいえば、相反する諸条件を両立させて最適な先頭形状を作り出していくのである。

　Ｎ７００では、採用された先頭形状の断面積の増加割合（変化率）が一定ではなくても、また微気圧波の最大ピークの山を二つにして低減する設計手法を実現して車両を完成させた。

　その基本的な考え方の一つは、一九九五年頃、先の宇宙科学研究所の藤井《ふじい》孝藏《こうぞう》の指導の下に、清水建設の小《お》川《がわ》隆申《たかのぶ》が研究して、「微気圧波軽減のための理論的列車先頭形状設計法」と題する論文を「日本機械学会誌」一九九六年七月号に発表していた。それは成瀬らがＮ７００系の車両設計をスタートさせる四、五年前のことである。小川はその際、先行する鉄道総研の前田達夫らが、一九九三年に発表していた論文について解説している。

前田らの研究では、回転放物面体などの発射体（模型）を筒に打ち込んで計測した結果から、N700の先端部のように先端部分を切り落として団子のような鼻にしても、微気圧波の発生の最大値（山）が大きくならないことを突きとめていた。

でもこの研究では、その根拠となる法則性や、なぜそうなるかの因子についての研究による解明が不十分であることから、実際の先頭形状を設計しようとする時には、試行錯誤を強いられることになると指摘した。

このため、小川、藤井は比較的自由に使える世界最高レベルのスーパーコンピュータを宇宙研が有していて、膨大な情報量を処理できる優位性もあって、この研究をさらに推し進めるのである。

このとき、彼らが独自に開発したシミュレーション技術の手法が、専門的な用語になるが、トンネル内で列車がすれ違う際の状態（空間）を、縦、横の網の目状に切り、それぞれ接点での流体の圧力と速度がどう変わっていくのかを時間的に追う離散化手法（差分法）などによって解明していったのである。

その結果、N700系で得られた先頭形状と同じく、「圧力波波面こう配（ピークの山を）を小さくするには列車先頭部における先端と後端で大きなこう配（断面積の増加割合）をもつ列車形状が有効であることを意味しており、最適化された列車先頭形状が図8のようになることの物理的説明を与える」（前掲論文）と結論付けた。そして具体的には、圧力波のピークの大きな山を低い二つの山にして抑えることをこれまた図で示していた。

その意味において、航空の研究で培われた小川、藤井のシミュレーション分析の手法そしてその論文は大いに貢献していたといえよう。

戦艦大和の艦首と酷似

この話を聞いていて、今から七十数年前に設計された戦艦大和のバルバスバウ（球根形状）のことを思い出した。「大和」の艦首の下部で、ほぼ水面の位置となる先端部にはバルバスバウと呼ばれるチューリップの球根のような丸くて大きなこぶが付いている。それは、軍艦（船）が波をかき分けて突き進んでいくとき、素人の想像とは異なり、先端部が鋭く尖った形状よりもむしろ波が立たない。専門用語でいうと、水の造波抵抗が小さくなるということで採用されている。

常識的な感覚では一見、丸いこぶのような先端形状の方が、波を立たせて水の抵抗が大きくなると思われがちだが、逆なのである。現在、一定以上の大きさの船にはほとんど、このバルバスバウが採用されていて、省エネやスピード化に貢献している。

この形状は、幾種類かの先頭形状の船の模型を水槽に浮かべて走らせる実験をしたときに、たまたま発見されたのである。常識的な発想や理屈では決して見出すことができなかったであろう。

ところがこうした理屈が、今日では遺伝的アルゴリズムの手法を武器にして、コンピュータ上で見出すことができるようになったのである。

７００系の最高時速が二八五キロだったのを、Ｎ７００系では三〇〇キロに引き上げたが、新たな先頭形状としたことでトンネル微気圧波を抑えただけではなかった。車両の連結面間を伸縮性のあるゴム素材で完全に覆う全周幌とし、台車のスカートの採用や床下の徹底した平滑化、車両の外板と客室の窓構造を完全に平滑なフラットにすることなどによって空気抵抗を二〇パーセント低減した。それにより、騒音も７００系並みに低下させていた。

これら一連の改善は当然のことに省エネ効果を生んだ。電力回生ブレーキの効果や車両全体の軽量化を進めたことも含めて電力消費量は７００系より一九パーセント、０系（時速二二〇キロの時）より五一パーセントも低減させた。

また空力騒音の低減や後尾車両の左右の揺れ改善の努力も進めた。さらには、前述した線路がカーブしている箇所を、速度を落とさずに走ることで生じる外側にはたらく遠心力によって列車が転覆しないようにするための「車体傾斜システム」も採用した。

もともと線路がカーブする個所は、外側のレールが内側より高く（カント）なっている。でも乗り心地を維持するために、カーブにさしかかった際に、車体を一度（高さで六〇ミリの差）だけ内軌道側に傾け、外軌道側への定常加速度（遠心力）を低減している。

このシステムは台車と車両の間にある空気ばねに空気を送り込むことで車両を傾斜させている。そのときの指示・制御は、０系以来からの新幹線のセールスポイントである進化させたＡＴＣ（自動列車制御装置）により、その速度・位置情報を一六の車両にデジタル伝送する。それにより、各車両に搭載したＣＰＵ（中央演算装置）を内蔵した制御伝送装置によって車体傾斜制御装置を作動させて各車両を同時に傾斜させている。そこでのソフトウエアのダイバーシティー化やセンサー類の多重系によって車両の走行状態が信号として正確に中央制御室へと伝送されている。

こうして完成したＮ７００系の先行試作車は、二〇〇五年三月四日、ＪＲ東海浜松工場で報道陣に公開された。晴れの記者会見では、田中守車両部担当部長が自信に満ちた表情で「新幹線四十一年の技術の集大成。新たな鉄道財産が誕生しました」と語った。

その二年後の二〇〇七年七月一日、Ｎ７００系は運行を開始した。その時に掲げた謳い文句は「最速、快適、環境への適合を高度に融合させた先進のテクノロジー研究の結晶からなる独創的なフォルムと、数々の新システム、いま、高速鉄道の未来を開きます」

構想段階から数えて八年ほどの歳月を要して開発した先頭形状を、ＪＲ東海では自賛するハイテク車両として、「精悍かつスピード感があり、鷲が翼を広げたような姿の〝エアロ・ダブルウイング〟」と呼んでいる。

これまた航空機を思わせる命名ともいえよう。窓の面積は７００系より四割減らして、これもまた旅客機なみの小ささになっていた。

だが所要時間だけに限ってみれば、東京―新大阪間をわずか五分短縮するために、これだけの年月とさまざまな英知による最先端技術を動員したのであった。

ＪＲ東日本の主力Ｅ５系

二〇一一年三月五日、ＪＲ東日本は青森への路線延伸を機に、「東北新幹線の主力車両」と呼ばれるＥ５系の営業運転を開始した。

この車両を大まかにいえば、この三年半ほど前に登場したＪＲ東海のＮ７００系にほぼ相当し、ほぼ同様の車体傾斜システムを採用している。開発においては、やはり成瀬らが用いたＣＦＤのシミュレーション技術を用いた設計手法と同様のものが用いられていた。

営業最高速度が同じ時速三〇〇キロで、「はやぶさ」に限定した運用である。だが、二〇一三年三月一六日からは三二〇キロ運転に引き上げ、東京―青森間が最短二時間五九分で結ばれた。それは国内での新幹線の最高速度が一六年ぶりに更新されたことになる。

これまでは東京から青森市の中心部までの所要時間が約三時間半かかり、これだと航空機やバスを乗り継いだ方が二〇分ほど早くなるといわれていた。

最初にＥ５系を目にしたときにまず際立つのが、重心位置が低くて長く突き出した先頭部の丸みを帯びた鼻であろう。鳥類の「ハヤブサ」というよりも、オーストラリア原生の地を這う哺乳類の「カモノハシ」である。

さらには、これまでの新幹線には使われたことがない鮮やかな「常盤グリーン」を上半分に、「飛雲ホワイト」を下半分に配したカラーリングである。この意外な印象を与えるE5の登場に、JR他社は驚かされたという。

JR東日本の主力としてきた最高時速二七五キロ運転のE2系は、上越・東北新幹線を走るJR東日本のスタンダードとして幅広く活躍してきた。だがその容姿はやや地味で、E5系とは逆である。そのことを意識してか、かえってE5を派手な顔にしたのかもしれない。E2系にとって替わって主力の存在となってきたE5系は、N700に勝るとも劣らないJR東日本の切り札とされた。

開発者責任者のJR東日本鉄道事業本部運輸車両部車両技術センター課長の遠藤知幸新幹線車両グループリーダーは語った。「E5系を開発するに際して行ったお客様へのマーケットリサーチから打ち出したキーワードは『ゆとり、やさしさ、あなたの』の三つです」

そう言われると、鮮やかなカラーリングではあるが、柔らかな雰囲気を醸し出す淡さのあるグリーンである。二〇一三年三月に登場したE6系の先頭形状の上半分には大胆な茜色、下半分はE5系と同じ飛雲ホワイトが使われている。両者とも、女性客に人気がある。遠藤によると、ホームで待つ女性客からの「かわいい」との声を聞くのがうれしいとも語っていた。

しかも、これまでの新幹線にはなかったグランクラス（ファーストクラス）という新しいカテゴリーを打ち出している。すべてにおいてゆったりと、しかも豪華な「スーパーグリーン車」を設ける三クラスの座席を配しており、JR他社の新幹線車両との違いを演出している。

先頭形状の長さに着目すると、JR西日本やJR東海が、ロングノーズの500系から700系そしてN700系において短く抑える傾向にあるのに対して、E5系はN700系あるいはE2系の約一・五倍もある一五メートルである。

その背景には、E5系の試験車両として位置づけられていた「FASTECH360S」が、「最高速度三六〇キロを目指す」としてテスト走行を繰り返してきたことにある。また、営業速度三二〇キロの走行を実現させる高速化も見据えていて、N700よりも速いからだ。

「FASTECH」（ファステック）とは、FAST TECHNOLOGYの略で、三六〇キロを目指す意味の「360」に新幹線の頭文字のSをつけている。

かつてJR東日本は、高速化の限界に挑むかのような四〇〇キロ以上の速度を追求し、軽量化した先の高速の試験車両「STAR21」を走らせ、最高時速四二五キロを記録したことがある。

その後、JR東日本は二〇〇〇年に策定した「ニューフロンティア21」と呼ぶ中期経営構想を打ち出して、新幹線の最高時速三六〇キロの営業運転を目指す目標を掲げた。その具体策として、二〇〇二年には「新幹線高速化推進プロジェクト」を立ち上げ、次世代車両の開発を二〇〇五年から進めることになった。それがE954型FASTECH360Sである。

この試験車両は、STAR21と違って実用性を見据えていた。随所に盛り込まれている新技術を、二〇〇七年からスタートした試運転で得られた各種データによって確認した上で、量産車にフィードバックする目的のプロトタイプだった。

この時、FASTECH360Sの大きな課題の一つとなったのが、やはりE2系から一気に八五キロも速度を向上させるために生じる騒音の悪化であり、トンネル微気圧波対策だった。

そのために、JR東海などと同様に、コンピュータ上でのシミュレーション結果などから、定石となる車体の断面積をE2系の一一・二平方メートルから一〇・八平方メートルに縮小した。加えて、先頭形状が異なる二つのタイプを製作して、比較試験の数々を行った上で総合的に判断し、良とする方を採用すると決めていた。

ともにエリアルールの考え方を踏襲した先頭形状の断面積変化率を一定にする形状を、コンピュータ上でのシミュレーション解析に基づき決定していた。

その一つは「アローライン」と呼ばれる矢のようなフォルムである。E2系、E4系さらには700系と同類だが、それらをさらに際立たせた形状としているのが特徴だ。

もう一つのタイプは、水が流れるようなイメージの「ストリームライン」である。これは500系に近いフォルムとなっている。両者とも流線形の先頭部長さは一六メートルもあって、500系よりも一メートル長い日本で最長の長さを必要としたのである。

前者は500系に似ているフォルムだけに、鉄道ファンには人気が高かった。ところが、各種の試験によって得られたデータを総合的に比較すると、川崎重工が担当したアローラインの先頭形状の方が優れていることがわかり、採用されたというのである。

だがE5系の量産車両とするに際しては変更が加えられており、苦心のほどがうかがえる。その時、まずは先頭長を一メートル短くして一五メートルに変更した。さらには運転士の視認性を考慮して、運転台付近をやや出っ張らせるキャノピー方式のデザインを採用したのである。

となると車両の断面積変化率を一定とすべきエリアルールの原則から、FASTECH360Sよりもボンネットの傾斜を水平に近づけつつ、しかも台車や運転台が出っ張った分だけ、台車の上の部分の車体側面をより絞り込むことで満足させる形状としたのである。

遠藤はこれらの変更について、「確かに、先頭形状を長くすればより環境性能が向上するのは当然ですが、E5系の一五メートルでも、E2系より六列で三〇席が少なくなります。経営面から考えると、やはり費用対効果のコストパフォーマンスを考慮する必要があって、この形状となりました」と語る。

それに、試験車両では時速三六〇キロを十分に記録している。「もちろん、営業速度が三〇〇キロそして三二〇キロと決めたのも、騒音や乗り心地などの快適性も含めて考慮した結果です。スピードを速めると、騒音の関係から防音壁の高さを現行よりも上げる必要が出てくるなど、投資の費用がかかるために、これも費用対効果のバランスから三二〇キロに設定したのです」

それだけではない。「シミュレーションなどにも基づいて設計したＦＡＳＴＥＣＨ３６０Ｓも、やはり実際に作って走らせて、各種の性能試験を経て初めてわかってくることもいろいろとあるので、それらのことを踏まえて量産車へフィードバックしてブラシュアップさせていったわけです」とも語る。

Ｅ6系、Ｎ700Ａ、Ｅ7系が登場

二〇一三年三月十六日、Ｅ５系「はやぶさ」が最高時速を三二〇キロに引き上げたが、同じ日、新型車両の秋田新幹線Ｅ６系「スーパーこまち」が営業を開始した。新幹線と在来線（東京—秋田間）の直通になる車両とすることを念頭において開発された。最高時速は二七五キロから三〇〇キロにスピードアップし、東京—秋田間を一日四往復し、最短三時間四五分で結ぶ。

これにより、ＪＲ東日本のＥ６系は、Ｅ５系とペアを組んで運行することになった。車両の幅はＥ５系の三三五〇ミリより狭い二九四五ミリのため、普通車の座席は横二列、二列となっている。

試験車両は二〇〇六年に登場したＥ９５５形「ＦＡＳＴＥＣＨ３６０Ｚ」で、その後、各種の試験を経て、二〇一〇年六月にＥ６系車両が製造されたのだった。

ここで注目すべきは、やはりＥ６系の先頭形状である。Ｅ５系のアローラインのフォルムをほぼ踏襲しているのだが、三二〇キロを目指すのにもかかわらず、先頭長は二メートル短くした一三メートルである。加えて、キャノピー型の運転台の下方側面に前照灯と尾灯を備えているのが、Ｅ５系との大きな違いだが、そのほか外観上はさほどの違いを感じさせない。

そのほかＥ６系がＥ５系と異なるのは、この間の技術進歩に伴ってさまざまな新技術が盛り込まれていて、快適性を向上させている点である。

Ｅ５系「はやぶさ」が三二〇キロに引き上げられ、新型車両のＥ６系が運転を開始した日の前夜、午後八時すぎ、東京駅二二番線ホームには約二千人の鉄道ファンがつめかけていた。満員の利用客を乗せた２００系の「とき３４７号」が新潟に向けて出発するのを見送るためだった。

カメラのフラッシュがひっきりなしに光り、いっせいに拍手が起こると、２００系はホームを滑り出していた。一九八二年の東北、上越新幹線開業とともに運転を開始した２００系は車体に東北の青葉をイメージした緑色のラインが走り、「緑のはやて」との愛称で呼ばれた。その先頭形状の顔は、０系と同じ団子っ鼻で、見守っていた主婦の一人は、穏やかに「微笑んでいるような雰囲気が好き。寂しい」（朝日新聞二〇一三年三月十六日付）とその姿を惜しんでいた。

ＪＲ東日本がＥ５系の先頭形状のデザインをＥ６系と共通にしているのと似て、やはりＪＲ東海がＥ６系より一カ月早く登場させたＮ７００ＡもまたＮ７００系の先頭形状のデザインを踏襲していた。

Ｎ７００ＡはＮ７００系の開業から六年の歳月を経て登場したが、掲げたセールスポイントは「安全・信頼・快適・環境　東海道新幹線で大切に守り育ててきた四つの価値を磨きあげました」としている。

これらは公共性をもつ鉄道では当たり前のことだが、あえて指摘すれば、二〇一一年三月一一日に起きた東日本大震災を踏まえつつ、「安全・信頼」をより前面に押し出して強調していることだ。

「進化した〝Ａｄｖａｎｃｅｄ〟を表す『Ａ』を」示す具体的な中身はこうである。

「二〇〇六年デジタル化により装備の信頼性が増し、さらに正確な位置検出機能、車両性能データ、勾配などの路線情報データを新たに加えることで、より高度な制御を実現するシステムへと進化しました」（ＪＲ東海パンフ『Ｎ７００Ａ』）

これまで以上にコンピュータや数々のセンサーなど各種エレクトロニクス技術をより多く取り入れることで、デジタル化をさらに進化させて、ＡＴＣ（自動列車制御装置）の機能もレベルアップさせたのである。

具体的には、明日起きても不思議はないといわれている南海トラフ地震などの巨大地震も念頭に置いているのであろう。「早期地震警報システムの導入を進め（中略）Ｎ７００Ａでは、災害による停電時により強くブレーキが働く地震ブレーキを新たに開発」したと強調している。それによってより早く列車を停止させることができる。しかも非常ブレーキで停止するまでの距離が、７００系より二〇パーセント、Ｎ７００系より一〇パーセント短縮している。

またバックアップ・ブレーキも新たに搭載し、しかも故障の早期発見を可能にする台車振動検知システムを日本の新幹線で初めて装備した。

Ｎ７００Ａの最高時速はＮ７００系と同じ２７０キロで、スピードで勝負するわけではない。線路のこう配やカーブにかかわらず、決められた速度を自動で維持する「定速走行装置」を搭載したことが大きな特徴である。これにより、事故やトラブルの際に必要とされる運転士のきめ細かい操作に伴う負担を軽くしている。

こうしたデジタル技術を多用してのよりきめ細かい制御によって、「安全・信頼」さらには「安定」を重要視した。加えて、静粛性のさらなる向上やインターネット環境の向上、空調のきめ細かい最適制御、車内インテリアの洗練などの快適性を高めたのがＮ７００Ａの特徴である。

二〇一三年二月にデビューしたＮ７００Ａ、およびそれに倣って改造を加えたＮ７００系は、約一年の運行で実績を積んだことで、翌年二月末、それまで東海道の最高速度が二七〇キロであったのを、二〇一五年春から二八五キロに引き上げる変更認可を国土交通省に申請した。対象となる車両はＮ７００Ａと、車体傾斜システムやブレーキ性能の向上などを追加装備および改造を行ったN700系である。当面は、一時間に一本の割合で走らせる計画である。一九九二年三月に300系が二七〇キロを達成してから二三年ぶりのスピードアップとなる。

とはいえ、東京と新大阪間の所要最速時間は現在、二時間二五分だが、これが二、三分短縮されるにすぎない。少なくとも東海道新幹線の場合は、線路のカーブやこう配、四分間に一本の割合で走る緻密ダイヤからして列車の運行間隔は限界である。こうした取り巻くさまざまな制約条件から、もはやこれ以上の速度で走ることはかなり難しい。

そのことはJR他社の新幹線にも早晩、いえることとである。となると、レール上を走る鉄道としての日本の新世代の新幹線車両の速度面での技術革新は、総合的な要素を勘案するとき、二〇一〇年代初めにおいて、ほぼ完成の域に達したといえよう。

となると、その後のトレンドはN700Aに見られるように、質的に大きく飛躍する革新的な技術進歩は難しくなってきたといえよう。よりきめ細かな快適性や安全性、信頼性、正確性を高めることと併せて、省エネなどによるコストパーフォーマンスを追求する安定化、成熟化の時代に入ってきたといえよう。

二〇一四年三月十五日、JR東日本は二〇一五年春までに開業予定の金沢まで走る北陸新幹線用の新型車両E7系を、東京―長野間に先行投入し、「あさま」と名付けて一日七往復の営業運転を開始した。

この日の午前、東京駅で挙行された出発式では、JR東日本の清野智会長に続いて、和田恭良長野県副知事が「車両の群青色を信州の山並みの色ととらえている」と挨拶した。

E7系のデザインを監修したのは、高級車フェラーリのデザインをしたことで知られているインダストリアルデザイナーの奥山清行であり、個々のデザインは車両メーカーの川崎車両のデザイン部門である。デザインコンセプトは「和の未来」とし、金沢市の兼六園にある加賀百万石の前田家の別邸「成巽閣《せいそんかく》」の一室「群青の間」の洗練された色彩空間に衝撃を受けて採用したという。

もちろん、先頭形状は空力的シミュレーションによって生み出され、呼び名は「ワンモーションライン」とし、「洗練」「ゆとり・解放感」を強く打ち出している。そのフォルムはJR九州の800系の先頭形状とやや似ている。

実はE7系に続いてW7系がJR西日本によって営業運転されることになっているが、両車両は同一仕様で、両社が共同して開発した。

E5系およびE6系では、「先頭車両の一五メートルの長いノーズ（鼻）を際立たせよう」との狙いから、あえて赤やグリーンを使って目立たせたと奥山は語っている。ところが、E7系では一転、先頭形状の流線形の長さを九・一メートルに短くして客席を増やすJR東海の方針と同様に営業収入の面を考慮したのである。

先頭車両には一八席のグランクラス（ファーストクラス）がある。アクティブサスペンションを搭載した車両は乗り心地を向上させ、バリアフリーの設備も充実させていた。温水式洗浄機能付便座を採用するなど、さまざまな点でサービスの向上に努めている。

その一方で、E5系やN700系、N700Aなどに搭載されていた車体傾斜システムは採用されていない。それは、北陸新幹線の最高時速がこれらの車両の最高時速より一〇～八〇キロ低い二六〇キロ、上越新幹線が二四〇キロとなっているからだ。

第六章　リニア車両の開発と飛行機屋

リニア新幹線の建設決定

これまで、新世代の新幹線の先頭車両を開発する際に、航空機の先端技術が取り入れられ、それらが日本の鉄道車両の大きな特徴を成していることを幾つかの例を挙げながら紹介してきた。だがその最たる例の極め付きが「超電導リニア」の先頭車両において見出すことができよう。

二〇一一年五月二七日、大畠章宏国土交通大臣は、ＪＲ東海に対してリニア中央新幹線の建設を指示した。これを受けてＪＲ東海の山田佳臣社長は「早期実現に向けて努力してまいります」とのコメントを発表した。

リニア新幹線は東京―名古屋間を四〇分で結び、二〇二七年に開業を予定する。その後、四五年までに大阪まで延伸して六七分で結ぶとする計画である。

政府が中央新幹線の基本計画を決定したのは一九七三年のことである。だが走行実験は着実に進められてはきたものの、さまざまな要素技術、営業（採算性）、建設費の確保、どの地域を通すかの路線の決定などの面で大きな問題が横たわっていたことから、なかなか具体化しなかった。

ところが、二〇〇五年三月、国交省の超電導磁気浮上式鉄道実用技術評価委員会は「実用化の基盤技術が確立したと判断できる」との評価をした。これを受けて、二〇〇七年にJR東海が「約六兆円」といわれる「建設費を全額自己負担する」と発表したことから、実現に向けた動きが加速した。

ところが、かねてから問題になっていて混迷を招いていた、中間駅（沿線各県に一駅）をどこにするか。さらにはその「駅の建設費は自治体が全額負担すべきだ」とJR東海が求めたため、これに自治体側が難色を示して、なかなか計画が進展しなかった。だがJR東海は、「中間駅の建設費も負担する」決定を下したことから、計画は急速に動き出すことになった。

超電導リニアの基礎的な研究は半世紀以上も前から国鉄の鉄道技術研究所（現鉄道総合技術研究所＝鉄道総研）が中心となって続けられてきた。筆者自身、一九六七年頃、日立製作所の中央研究所の研究員から「レールの上を超電導で浮かして数百キロで走る（飛ぶ）列車の研究をしている」と聞いたことがある。

正式な呼び方としては「超電導磁気浮上方式鉄道」とか「磁気浮上式リニアモーターカー」と呼び、JR東海は「超電導リニア」と呼んでいて、この方式は世界初の挑戦である。

磁気浮上方式の高速鉄道としては、独シーメンス社系の技術によって上海で営業中のトランスラピッドがあり、強磁性体の永久磁石と通常の常電導磁石とを用いた方式で、営業最高速度は三五〇キロ、編成は三～五両である。他には、日本のHSST（リニモ）などがあるが、日本で営業しているのは愛知高速交通東部丘陵線だけである。この線は二〇〇五年に開かれた愛知万博の際に一つの目玉として開幕に合わせて建設、開業したのだが速度は一〇〇キロ程度で遅い。その他の地域でも計画されたが、いずれも中止となった。

だがこれらは常温での常電動電磁石による浮上であり、一方、JR東海の超電導リニアは、マイナス二六九度もの極低温に冷やして使う超電導磁石の強力な磁界によって約一〇センチ（大空隙）浮上させ、リニア同期モーターを使って推進し、電磁誘導により浮上案内をする方式であり、前者の二方式とは「技術的には別物」といえる。ＪＲ東海と鉄道総研が長い年月をかけて共同で進めてきたのである。

既存の鉄道が走る原理は、レールと車両の車輪の摩擦力（粘着力）に依っている。この場合、高速化すると、急坂や雨天の湿潤時にはレールと車輪との粘着力が低下して限界に近付きやすくなる。さらにはこれを超えると、車輪が滑って空転する恐れが出てくる。これを避けるには、加減速時に長い距離を取ってやる必要がでてくる。となると、定常（最高）速度に達するまでには時間がかかることになる。

これに対してリニアの場合は、粘着に依らず、車両を宙に浮かして走る。しかもリニアの最大の特徴は圧倒的な高速・急加減速性能にある。最高速に到達するまでの時間が短く、そのあとは定常走行の五〇〇キロを長く維持できて、到着するときには、これまた短い減速時間で停止させることができる。ということは、その分、所要時間も短くなるのである。

さらには、従来の鉄道のような車輪とレールのころがり接触により発生する騒音がなくなるし、また超電導磁石による大空隙を軽量で実現できるので、地震の揺れにも強いともいわれている。ただし、トンネルが多く、火災などの事故の際の避難、大容量の電力を消費するなどの欠点がある。

東日本大震災の発生により、福島の原子力発電所が損傷および水素爆発を起こして、その後、原発の再稼働や増設が難しくなってきている。これからの時代は、これまで以上に省エネが求められるのは必至である。となると、「はたしてリニアは未来の超高速輸送手段として妥当なのか」との指摘があるのも事実である。

だがスピード化の時代、所要時間の短さが魅力であることは間違いない。営業面からいえば、五〇〇キロ程度の移動距離ならば、乗車手続きなども含めた所要時間（平均速度）は、競争相手の航空機とほぼ同じとなるため、その点においてのメリットは大きい。

日本のリニアの技術は世界からも注目されている。各国から鉄道関係者が訪れて実験線で試乗したりしており、日本の鉄道技術の高さを大いにアピールしている。

時速七〇〇キロを目指せ

リニアの研究開発は、一九七〇年代初め頃から本格化した。「ML100〜MLU002N」の六種類の大小の実験車両が製作された。総距離が七キロの宮崎県の実験線において走行実験を繰り返した。

これまでの鉄道とは走行の原理がまったく異なるリニアだが、実験は着実に一つひとつの技術課題を克服してきた。さらに実験線を延長して本格的な走行実験を行うため、一九九六年からは場所を移して、新設した総距離が一八・四キロから四二・八キロに延ばした山梨県の実験線で進められてきた。

その成果とデータの蓄積をへてのち、大量輸送の実用化に向けた実験走行を行うために、新たな車両が製作された。「ダブルカスプ型」と呼ばれる「MLX01―4」と、「エアロウェッジ型」の「MLX01―2、MLX01―3」の二種類である。現在まで走行試験が繰り返されてきた。

一九九七年十二月二日、これら実験車両の有人走行において時速五三一キロを記録した。二四日には、無人走行で設計速度の五五〇キロに挑んで達成し、これは当時の世界最高記録となった。

二〇〇三年十二月二日には、剛腕で知られるJR東海の葛西敬之社長が強気の号令をかけ、限界近くの「七〇〇キロを目指せ」として実験が行われた。そのとき、三両編成の車両で五八一キロを達成し、世界最高記録を更新した。

翌二〇〇四年十一月十六日には、新幹線でも問題になった上下線での車両すれ違いによる高速走行試験が行われた。超高速でのすれ違いだけに、両車両は互いに強い風圧を受け合って揺れが激しくなる恐れがあるからだ。結果はこれまた、それまでの相対速度の最高記録である一〇一五キロを更新する一〇二六キロを達成した。

ちなみに、これら世界最高速の記録更新を目指す挑戦は、決まって十一月から十二月にかけて行われていた。それはなぜか。超電導リニアの研究開発や建設には巨額の資金が必要であるからだ。そのため、予算案作成がほぼ決まる直前の年末を睨んで、マスコミの注目を集めて報道されやすい最高速の記録樹立の挑戦をわざわざ行ってきたのだった。

鉄道の新路線計画では、いつも予算獲得が最大の難関である。ところが一転、先のようにＪＲ東海は、政府の予算を当てにせず、すべて自前で開発・建設の資金を調達することを決断したのだった。

その背景としてＪＲ東海は、東日本大震災の発生により、「近い将来、東南海地震の発生確率が高まったと予想される」とし、その際に、「大動脈である現在の東海道新幹線が寸断されて使えなくなると、日本経済全体にとっても大打撃となるからだ」との理由を挙げた。それとは別に、福島原発事故を契機に、エネルギー多量消費のリニアに対する批判が盛り上ってくることを恐れたとも言われている。

だがそうしたこととは別に、現在の東海道新幹線が毎年稼ぎ出している利益は巨額にのぼっており、ＪＲ六社の中では利益率が飛び抜けている。また新世代の新幹線車両の開発も、Ｎ７００系（Ｎ７００Ａ）でもってほぼ技術的には行き着くところまで行き着いた観があり、近い将来において革新的な車両の開発計画が予定されているわけでもない。とはいえ、九兆円ともいわれる建設資金の調達および長期に及ぶ返済による負担はＪＲ東海の経営に大きくのしかかってくることが予想される。なにしろ、ドル箱の東海道新幹線の客の六一・七パーセントがリニアに乗り換えることを需要予測の前提にして試算しており、となると両路線を合わせてのＪＲ東海の収益性はかなり低下することが予想されるからだ。そのほかにも、さまざまな問題性や不確定要素は数多くあるのだが、ＪＲ東海の首脳としては極めて強気の姿勢である。

零戦を上回るスピード

それはさて置き、実用化に向けた営業仕様の新型リニア車両の受注コンペで勝ったのは、意外にも総合重工業の三菱重工とＪＲ東海傘下の日本車輌製造の二社だった。確かに実験車両を三菱が開発してきたのだから当然といえば当然といえる。三菱重工が先頭車両および二両目を製造し、後続車両は日本車輌製造である。これまでの０系からＮ７００系、さらにはＪＲ東日本のＥ系シリーズの一連の新幹線車両の開発・生産のほとんどすべてを受注してきたのは鉄道車両の大手メーカー五社だった。ところがリニアの車両はそうではなかったのである。なぜか。

たしかに三菱重工には、三原製作所・交通システム工場という車両製造を専門とする機械事業本部がある。とはいえ、日本車輌製造とか日立製作所、川崎車両といった長い伝統のある大手の車両メーカーではなく、規模において準大手というべき地位で、高速の新幹線の製造実績はほとんどない。これまで、ＪＲ各社や私鉄など在来線の車両を主に作ってきた。

ところが、この実用化を目指すリニアの先頭車両では、三菱重工の名古屋航空宇宙システム製作所の航空機部門が全面的に参画する体制で開発することが評価され、受注に漕ぎつけたのである。その点において今までの新幹線車両とはかなり異質な開発プロジェクトとなった。

実績豊富な大手鉄道車両メーカーを出し抜いた理由は明らかだ。時速五〇〇キロ運転を目指すリニア車両に必要なものは、これまでとは違っていた。三菱重工には長年手掛けてきた航空機開発で培った空気力学などのシミュレーションおよび軽量化などについての豊富な技術データやノウハウが蓄積されており、必要な設備もある。なにしろ、新幹線は車両全体の重量が約四五トンだが、リニアは浮上して走るため軽くする必要があって約二五トン程度である。そうした技術の性格から、リニアの先頭車両の開発において三菱の航空機技術が十分生かされることが、ＪＲ東海から大いに期待されたのであろう。別の見方をすれば、それだけリニアはより航空機に近づいたともいえよう。なにしろ、時速五〇〇キロ台といえば、ほぼ戦前の零戦の最高速度なのである。

リニアのプロマネは飛行機屋

数年前、何度も取材で訪れた三菱重工の航空機部門の本拠である名古屋に赴いた。実はこのときの目的は、二〇〇八年三月に三菱が事業化の決断をした、国産旅客機ＭＲＪ（三菱リージョナルジェット機）の取材だった。戦後初の国産旅客機ＹＳ―11から半世紀ぶりとなるＭＲＪの開発において、社長をはじめ、プロジェクトマネージャーとして指揮を執る幹部技術者や販売の責任者、工場長ほかにインタビューし、工場も見せてもらうことになっていた。

この名古屋の工場では、戦前、零戦が設計され、生産されたことでも知られている。今なお日本人の心をとらえて離さない伝説の零戦。その主任設計者、堀越二郎は自著の冒頭で、零戦の開発がスタートした昭和十二年十月六日の朝のことを記している。

「名古屋市の南端、港区大江町の海岸埋め立て地、（中略）私は、会社の本館についていた時計台を見上げながら、その玄関にはいり、いつものように三階まで階段をのぼると、機体設計室のドアを押して中に入った」（『零戦』）

戦前に建てられたこの建物は今も健在である。その正面入口に立つと、二〇〇八年四月に、三菱重工の子会社（資本金一千億円）として設立され、ＭＲＪの開発・販売・整備を受け持つ「三菱航空機」と刻まれた新しい金属プレートが目にとまった。

かつて零戦の設計チームが陣取っていたこの三階のフロアは、今も設計室として使われていたが、ＭＲＪを開発する主人公たちに入れ替わっていた。室内は若い技術者たちの熱気で溢れ、ズラリと並んだ机には、二台ずつパソコンが並んでいた。それぞれの画面には、色鮮やかなカラーの設計図面や、立体化したＭＲＪの機体の先頭形状が透視図となって映し出されていた。まさしく先に紹介した鉄道の先頭形状を形づくっていくときのＣＧ（ＣＡＤ）の手法である。

ＭＲＪの機体形状を決めていく基本設計の段階では、やはり先の風洞実験やＣＦＤ（数値流体力学）による「遺伝的アルゴリズム」と同様のソフトが多用されていた。

「昔と違って今は、机の上に図面を置いて手で描くのではなく、すべてパソコンに入っていて、画面上の操作で進めていきます。マニュアルも図面も頻繁に変更されるし、枚数も多いですからね。いちいち紙に印刷していると、大変なことになります」と河村文博技術管理部長は淡々とした口調で解説してくれた。

零戦では図面の合計が三千枚であったと伝えられる。だが今や部品点数は九〇万点で、その図面のすべてがパソコン内に収まっている。キーボードの操作一つでいつでも、どの図面でも取り出せるのである。しかも、立体的な透視図には、組み込まれる数々の部品群も含まれている。それらの中で、必要な個所をピックアップして拡大し、そこで作業者が部品の取り付けや整備などの際に、手や工具が入りにくかったり、部品同士が干渉したりしないかなども画面上でチェックできるのである。

このあと、ＭＲＪの胴体の実物大モデルの三分の一ほどの長さの前側部分が展示してある一階に移動した。その機内の設備も実物とそっくり同じで、座席が配列されている。案内した広報の担当者が説明してくれた。

「ＭＲＪの機首部分のフォルムは、三菱が受注・製造している新幹線の先頭形状に似ているとよくいわれるんですよ」

「たしかにそういわれればそうだな」と思いつつ、そのあとインタビューしたＭＲＪの藤本隆史プロジェクトマネージャーの口から思いがけないことを聞くことになった。

「私は、うちの会社が自主開発して世界に販売した八人乗りのビジネスジェットＭＵ―３００や、自衛隊のＦ―２支援戦闘機、さらにはボーイングと共同開発したＢ７８７旅客機の主翼など、一貫して航空機の設計を手掛けてきました。でも、二〇〇〇年四月から二年半ほどは、ＪＲ東海さんとのお付き合いで、リニアの車両を開発する仕事をプロジェクトマネージャーとして担当しました。その後、また航空機の開発に戻って、ＭＲＪの前段階の開発計画をまとめる民間機部長となったのです」

三菱にとって三機種目のリニア車両の開発責任者は、航空機設計の技術者だったのである。

ＭＲＪのプロマネを担当していた藤本だが、併行して試作機の組み立てが進んでいた一兆八千億円もの開発費を投入する７８７が、トラブルの多発でスケジュールが遅れだして深刻化していた。「７８７を優先しないと大変なことになる」として、ボーイング社の強い要請もあって、チームを率いて渡米、エバレット工場で対策にあたった。インタビューしたボーイングのニコール・パイアセキ現副社長は語った。

「７８７の主翼は三菱がリードしました。何か問題があったなら常に両者で話し合い、調整もし、深いパートナーシップで処理していきました。７８７は三菱にとっても大事なプロジェクトです。また三菱が開発を担当した主翼のＣＦＲＰの技術は世界でトップクラスですから」と藤本のリーダーシップを絶賛していた。

こうした日本を代表する航空機設計者（プロジェクト・マネージャー）のエースを、三菱はリニア車両の開発に投入したのである。

世界一の超ロングノーズ

このあと日を改めて、リニアの車両開発について藤本にインタビューした。彼らに期待された技術課題は、やはり最も難しいといわれてきた「先頭車両の空力特性の改善を主眼として、新たに開発・製造されるリニアの車両でした。具体的には、路線の周辺環境に問題を起こす騒音や空気振動の低減を図ることです」

前述したように、彼が担当する以前、すでに三菱が開発した実用化に向けた二種類の実験車両「ＭＬＸ01」の実験がなされていて、さまざまな実験データを集積していた。そのデータを踏まえて、車両形状の改善すべき点が洗い出され、新たな車両「ＭＬＸ05」を開発することになったのである。

両者の主な先頭形状の違いは、流線形に傾斜しているＭＬＸ01の先頭部の長さが九・一メートルだったのを、ＭＬＸ05では、実験線として可能な最大長さとなる超ロングノーズの二三メートルにも延長した。

加えて、実用化に向けて、車体下部の断面形状を丸形から角形に変更した。その理由は５００系から700系に変更する狙いと共通していた。一つは、実際の車両として室内スペースを広くして、乗客の足元の窮屈感をなくするためである。もう一つは、車両先端から後部にかけて先頭形状の流線形部分が次第に太くなっていくが、丸形断面のＭＬＸ01では、そのときに角形の台車の位置において、急に幅広にせねばならない。

となると、この断面形状が急に大きくなる変化の部分において空気の流れに乱れが生じて空気抵抗が増え、空力騒音の大きなピークが発生して、それだけ大きな〝トンネルドン〟となる。これをできるだけ少なくするために、先頭形状の先端部から後部の客車両部分までも一貫した角形にする変更を行って、騒音の低減を図ったのである。だが、丸形の先頭形状よりは角形の先頭形状の方が騒音を大きくしやすいだけに、難しい開発となっていた。

最も騒音が大きくなるのは、先にもふれたが、車両が高速でトンネルに突入する際だった。

「車両とトンネルとの両断面間の隙間はさほどない。このため、突入の際にトンネル内には圧力波が発生して前方へと高速で伝わり、反対側の出口からパルス波として放出される微気圧波が〝ドーン〟と響く大きな爆発（騒）音を発するのです。併せて、入口側の坑口からも直接外部に放出される圧力波がもたらす空気振動による騒音もあって、両方ともさらに低減する必要があった」と藤本は語る。

これが、高速走行する新幹線車両の先頭形状を決める際の最大の技術課題だった。それはなにもリニア車両に限ったことではなかった。先の一連の新世代新幹線の車両のすべてにいえることだった。でもリニアの路線の場合、トンネル区間を走ることがやたら多く、しかもべらぼうに長い。加えて、最高速度は新幹線車両より二〇〇キロ前後も増すため、極めて厳しい条件となる。

その解決のために、N７００系では先に紹介したように、航空機の機体形状を決めるときに使っている「遺伝的アルゴリズム」を取り入れたのだった。

この爆発的な騒音をできるだけ低減する有効な方法の一つとしては、車両先端の細い部分から後部の最も太くなる客車部分までの傾斜角度を、できるだけ一定（各部断面の変化率ができるだけ一定）で滑らかな曲線にすることである。この形状の決め方を採用したのが、藤本らが開発したリニアのＭＬＸ05であり、５００系だった。

もう一つは、７００系やN７００系の先頭形状などに採用されている知見、たとえ各部分ででこぼこしていても、それぞれの位置で断面を切ったとき、その断面面積の変化率が一定であれば、これまた騒音を低減できる。

こうした騒音（トンネル微気圧波）の発生原理とその評価方法は新幹線での経験からわかっているので、それを踏まえて、まずは良さそうな先頭形状の候補案を策定した。それらの候補案を今度はスーパーコンピュータによる定常ＣＦＤの解析をやり、トンネル突入の際の入口での空気振動（発生騒音）の評価を行ったのである。

この解析作業で、まずい部分を突き止めて候補案の形状を修正して、またもＣＦＤの解析を行うことを何度も何度も繰り返して、より騒音の少ない形状へと収斂させる。そして「これでよし」とされる最終形状を見つけ出すのである。この繰り返しは数百そして数千回にも及ぶというのである。

藤本によると「合計約四〇種類の候補案を策定して、そのあと絞り込んで、スーパーコンピュータによってCFD解析を繰り返して、トンネル突入の際の空気振動および微気圧波がMLX01との比で五〇パーセントも改善される〝ウェッジカスプ〟の最適形状を見出した」という。膨大な作業量である。

そして空力設計作業の最後のフェーズとして、トンネル突入時の非定常CFD解析も実施した。やはりそこでもトンネルに突入する際の入口での空気振動および微気圧波の大幅な低減が確認されたのだった。

MLX05は実用化を目指した車両とはいえ、あくまで空力特性や騒音の低減に向けたデータ収得を目的に開発された実験用の特殊車両である。このため、前方の傾斜曲線部の長さは、全長が二八メートルある先頭車両の八二パーセントの二三メートルをも占めている、超ロングノーズで、世界一長い鼻をもつ鉄道車両である。

またトンネル突入時の発生騒音の低減策の一つとして、先頭車両の形状とは別に、トンネル入口付近にアーケードのような囲いの緩衝口を設けて、そこから圧縮された空気を逃がしてやる方策がある。このとき「車両の先頭形状と緩衝口とのマッチングが難しい」と藤本は語る。

MLX05の試験では、もちろんこの実験も行っていた。この緩衝口との組み合わせでトンネル突入試験を行ったところ、MLX01と比べて最も顕著な音圧のピーク値が五〇パーセント以上も低減されたのだった。

「これら一連のCFDによるシミュレーション解析は常に、約一〇分の一模型による風洞実験との組み合わせでデータを付き合わせながらキャリブレーションを行っていきます。最近盛んになってきたシミュレーション技術が著しく進歩してきて、かなりのところまでコンピュータ上でやれるようになってきましたが、重要なことはその解析で得られた結果と、風洞実験や実機でのデータとがどれだけ近い値になっていて問題がないかです。そのためには、これまでに開発してきた航空機の実機での飛行試験のデータをどれだけ豊富に持っているかということです。その点においては、長年こうした作業をやってきたわれわれ飛行機屋に強みがあるといえます」

こうしたリニアの開発で多用しているＣＦＤによるシミュレーション解析や遺伝的アルゴリズムなどについて協力してきたＪＡＸＡ宇宙科学研究所の藤井孝藏副所長は、開発状況について語った。

「現在、実用車両の開発の仕上げ段階でしょうが、具体的な中身については言えない部分も多いのですが、その都度、彼らが非常にクリティカルだと思っているリニアに関する研究課題について協力させていただいています。

今は先頭車両に限らず、台車や外側のガイドウエイ、床下やそのほかの出っ張りなどの形を工夫して、微気圧波だけでなく、車内の騒音なども含めて、数デシベルのレベルをどうやって下げられるか。

また小さい圧力レベルの騒音や圧力変動を極めて低く抑える必要があるため、次々に新しく開発した手法をどんどん使い始めています。それはロケットの打ち上げの際に発生する音響（爆発音）との共通性もあるので、われわれにとっては、開発した設計シミュレーション手法などがどれだけ正確かということを評価する上では大変いい材料にもなります」

飛行機以上の難しさもある

とはいえ、藤本にとって「鉄道車両の開発は初めてだっただけに、最初の頃は戸惑いもありました。それに航空機とはビジネス風土や、そのやり方も違いますから。

でも基本的にはリニアの車両も航空機と同じく空中に浮きますからね。一見、重そうに見える鉄道車両も軽量化に対する要求はなかなか厳しいものがありました」

さらにはトンネルに入ると車両には圧力がかかる。これまた航空機でも地上と高空とでは気圧が変化して、上がり降りするたびに機体に繰り返しの圧力（荷重）がかかる。

「このため両者ともに、構造的には繰り返し荷重による疲労強度や重量軽減の要求が厳しい気密部には、航空機の機体の多くで使われるジュラルミン系の高強度アルミ合金を採用しました。それも、軽量で高強度と耐久性を満たす航空機が得意とする技術をベースにし、車両条件に合わせて信頼性の高いリベット接合方式を採用しました。条件が緩やかな非気密部には、溶接接合方式を採用しました。構造面では、飛行機の翼のフラッター（共振）と同じような振動対策もなされています」

一見、異質とも思える航空機と鉄道車両の技術だが、後者のリニアによる高速化によって、両者の技術はよりいっそう接近してきたのである。

「そうした点では、開発プログラムをまとめるという意味からすると、クリアすべき同じような技術課題がいろいろあって、一つの航空機を開発したのと同じくらいの意義がありました。また自分たちの力もつけることができたと思います。でも鉄道の方が航空機よりも厳しい点もあるんですよ。例えば、トンネルへの突入は飛行機ではありませんからね。トンネルで車体が圧力波を受けて繰り返し荷重を受けるので、飛行機と同等もしくは車両の方がそれ以上に厳しいことがあるんです」

リニア車両の開発を手掛けたことの大きな意義の一つとして、藤本は材料や加工方法を挙げた。「航空機ではトライしたいと思っていて基礎研究も進めていますが、実際にはなかなか採用ができないでいる技術が幾つもあります。例えば今回の、インテグラル型材という押し出し型材とか、摩擦攪拌接合という新しい加工方法をリニア車両に初めて使いましたが、そうしたトライをすることができました。今後、こうした材料や加工方法を航空機にも適用していくための技術を培うことができて、達成感を感じています。

その意味では鉄道の方が航空機よりも自由度が大きくて、思い切った技術的挑戦ができると感じています」

その背景には、航空機では米航空連邦局や日本の国土交通省が行う型式証明（タイプサーティフィケイト＝Ｔ／Ｃ）という厳しくて、しかも山のような項目の耐空性審査などをクリアする必要がある。しかもそのためには数年を費やすことになる。

となると、これまで航空機で実際に使われたことのない材料や加工方法を採用した場合、審査が厳しくて大変になるので、どうしても新しい材料の使用には慎重になる。一見、最先端の技術を追いかけて、常に技術の革新を進めていると思われがちな航空機だが、鉄道と同様に安全第一だけに、逆に保守的になる傾向もある。

もちろん鉄道でも発注主のＪＲ東海や国土交通省による厳しい審査はあるのだが、空を飛ぶ航空機のＴ／Ｃほどではない。

三菱が得意とする縮小模型による風洞実験や、ＣＦＤに基づくシミュレーションなどが功を奏したのか。

「完成したＭＬＸ05を使っての走行試験では、開始からわずか一一日目には、早くも設計最高速度の五五〇キロを見事達成しました。また最大の課題であった空力特性の改善による車外・車内の騒音の低減や乗り心地の改善といった車体性能も狙いどおりのレベルを実現して、計画および設計の方向性の正しさを証明できました」と藤本は語った。ＭＬＸ05が完成した後、ＪＲ東海および三菱の首脳陣に車両を披露することになった。その時の反応についても藤本は振り返った。

「最初にリニアの先頭車両のＭＬＸ05ができたとき、わが社（三菱重工）の三原製作所に、ＪＲ東海の葛西敬之社長とうちの西岡喬社長のご両人にお越しいただいて、レビューを受けたわけです。そのとき、葛西社長からは『もうちょっと、営業型の、乗客をもう少し多く乗せられるスペースをつくった車両じゃないといかんなあ』などといった羽交い絞めにされるようなきついお言葉をいただきました」

この言葉を受けて、藤本は「ＭＬＸ05はＶｗａｌｌ理論に基づくキャリブレーションをやることを主眼にして先頭車両を開発することにしていたため、思い切ってロングノーズにしてデータを取っているので……と一生懸命に葛西社長にご説明はしたのですが、なかなか厳しい突っ込みがいろいろとありました」。

こうした言葉も受けてこのあと、ノーズの長さを二三メートルから一五メートルに短くし、その分、座席を増やした先頭車両を再度設計して作り、七両編成でいま試験走行を続けているのである。

剛腕で知られる葛西は強力なリーダーシップを発揮して、困難な国鉄改革そして民営化を推し進めて実現させた鉄道界における最大の功労者ともいえる。二〇一四年五月の春には旭日大綬章を受賞した。それだけに、国鉄そしてＪＲ各社の経営姿勢や新幹線車両の開発方針を最も体現する人物ともいえよう。

二〇一三年六月三日、これまでに開発費の総額五五〇〇億円を投入してきたＪＲ東海は、二三メートルの先頭形状を一五メートルに短くした「営業車両」の「Ｌ０（エルゼロ）系」を、山梨県都留市の車両基地から実験線の本線に移し、報道陣に公開した。

その出発式で葛西会長は強調した。

「世界の交通技術史上において記念すべき足跡を残すエポックである」

五両編成の車両で、この日は時速一五〇キロ以下の低速走行時に使用するゴム製タイヤでゆっくりとしたスピードで移動した。九月からは試験走行を始め、次第に速度を上げていき、五〇〇キロ走行を実施することになる。

着実に開発が進展して、実用化のめどがほぼついたリニアについて、藤本はこう締めくくった。

「リニア車両の開発を経験したことで、航空機技術と車両技術の融合というメリットが大いにあったとも思っています」

あらためてリニアを思い浮かべれば、外観はたしかに鉄道車両である。だが動き出すと宙に浮いて空中を飛ぶのである。

ならば航空機と同じということになる。技術の革新が進み、これまでの固定観念では決めつけられない時代に突入したことを強く感じた取材であった。

第七章　デザイン重視の時代

乗る楽しさを演出する

これまで主にスピード化に伴う飛行機を意識した新幹線の開発の歴史について紹介してきた。なかでも、空気流体力学的な観点からの機能性を重要視した、トンネル微気圧波や空力抵抗、横揺れの少ない先頭形状の創出ということに着目しつつ、新世代の新幹線車両の開発について述べてきた。

さらには、０系車両が生み出されてくる過程や戦前の流線形列車の誕生物語も紹介してきた。その結果として、種々の顔をもつ先頭形状が登場した。だが、開発すべき車両に与えられた条件（仕様）の制約を守りつつ設計したときに、すでに登場している超流線形をした一連の顔のデザインにならざるをえなかったというわけではないのである。そのことは、ＪＲ東海の成瀬功《なるせいさお》やＪＲ東日本の遠藤知幸ら新世代の新幹線車両の開発責任者自身も語っていた。

基本となる断面積増加率曲線の理論や制約は踏まえつつも、もっとさまざまなデザインの先頭形状を自由に設計することができるのである。ということは、そこにおいてインダストリアルデザイナーの存在が大きくクローズアップされ、重要視されてくることになる。

いま新幹線の先頭形状のデザインはちょっとしたブームの観がある。「次に登場してくる新型車両はどんな顔でお目見えするのか」

鉄道ファンの枠を超えて注目され、その都度マスコミでも盛んに取り上げられてきた。いわば新幹線の顔は、運行するJR各社の看板であり、マスコットなのである。また他社との違いを最も際立たせる意味合いも込められていた。

とりわけ、JR西日本やJR九州、JR東日本の新幹線は、ビジネス客中心のJR東海と違って観光客も重要なお客さんであるからなおさらだ。

JR東日本の遠藤知幸新幹線車両グループリーダーは語った。「鉄道ですから、昔の先輩から引き継いできた安全ということはもちろん第一です。でも最近では『乗ってみたい』と思わせる、わくわくするような車両を開発することで、新たなファンを掘り起こしたいですね。たしかに、観光なのだから、日常とはちょっと違う夢のある旅の感覚を味わいたいという、『乗る楽しさ』に応えられる車両にしていきたい」

いずれも、実用性に加えて、デザインが重要になってきたことを力説する。

一九九四年に、車両メーカーの日本車輌製造に入社以来、一貫して鉄道車両のデザインを担当してきた田中裕紀鉄道車両本部技術部デザイングループグループ長は「鉄道車両デザイナーの仕事とは」（『鉄道ダイヤ情報』二〇一一年八月号）の中で、以下のように詳しく語っている。「デザインとは、まず車両をつくる根幹になってきました。これが決まらないと設計・製作に入れない」

N700系の先頭形状を設計した成瀬功も語っていた。

「車両の開発では、最終的にはデザイナーの先生に、基本的なことも含めてエクステリアデザイン（外観）というのをお願いし、アドバイスを頂いています。もちろん性能や断面積を変えずに、われわれの思いつかないというか、デザイン的なことも加味し、利用する乗客から見ても美しい形にデザインしていただいている。われわれ技術屋はどうしても性能とか作りやすさを優先しがちなので、その点において、両者の間でかなり突っ込んだ議論をします」

いろいろある業種のなかでも、鉄道（車両設計）の世界は昔から機械工学系出身の機械屋が絶対的な権限を持ち、幅を利かせていた。それは昔の、力強い鋼鉄の塊である蒸気機関車から受けるイメージそのものだった。だから、車両を設計するときには機械屋の設計者が主役で主導権を握るのが当然とされていた。このため、性能や技術、機能性やメンテナンスなどを最優先して設計されたのである。０系車両の開発責任者だった星晃《ほしあきら》は語っていた。

「国鉄に美大出身のデザイナーが入社するようになったのは一九六〇年代に入ってからのことです」。でもそのあとも彼らの立場は弱かった。

「デザイナーは外観のカラーリングやインテリアだけをやっていればよい。車両そのものにまで口は出すな」といった風潮だった。０系車両の時代もそうであって、国鉄の車両技術者が全面的に主導権を握ってデザインし、それが当たり前だった。

鉄道はまた力強い男の世界そのものである。「性能や機能が第一」で、デザインが女性的で軟弱なイメージに受け止められていた昭和三〇年代ごろまでは二の次、三の次だったのである。

それが今では様変わりした。無骨なイメージの鉄道の世界もまた、家電や自動車と同様に、デザインが花形となり、それを売り物にする。世はまさしく「デザインで勝負する」時代なのである。

ファッションデザイナー山本寛斎を起用

となると、日本を代表する鉄道車両のデザイナーとして著名なドーンデザイン研究所の水戸岡鋭治《みとおかえいじ》所長からは、同業者批判ともなるこんな発言も飛び出してくる。二〇〇四年に登場したＪＲ九州の８００系の「つばめ」や「ななつ星ｉｎ九州」などをデザインして、「乗客をわくわくさせる」との評判を取って、それまで以上に注目を集めるようになった水戸岡は率直に語っている。

ＪＲ東海の７００系の先頭形状が「カモノハシ」形で「しもぶくれ」と呼ばれ、デザイナーの立場としても「どう見ても好きになれない」と言い切る。「流体力学的に適しているという理屈はわかるが、美しくない」（『東洋経済』二〇一〇年七月九日号）

でも現実は、「車両デザインの場合、基本的には車両メーカー（ＪＲを含めた）が主導といえるでしょう」と語る。それは車両の先頭形状は機能性や効率性が第一で、しかも、大容量のコンピュータによってＣＦＤ（数値流体力学）に基づくシミュレーションや風洞実験によって基本的なフォルムを形づくられるからだ。こうした作業までデザイナー（デザイン会社）が手を出せるはずもないからだ。

水戸岡がＪＲ九州から８００系のデザインを依頼された時、車両はベースとして７００系が示された。その際、ＪＲ東海が７００系の試験車両の段階ですでに実証していた二つの先頭形状、第一案としての「カモノハシ」があり、第二案としては滑らかでシンプルな流線形であった。

でも後者は前者よりも先頭形状の曲線部分が長く、座席数が減るために、ＪＲ東海は営業（利益）面を優先する方針から採用しなかった。水戸岡はたとえ選から漏れた案であっても、デザイナーとして後者が気に入っており、両者とも性能面ではほぼ同じであることを確認した上で滑らかな流線形の方を選択したのだった。

それにＪＲ九州としても「ＪＲ東海と同じ先頭形状では困る。ＪＲ九州ならではのオリジナリティーでなければ」との考えがあったからだという。その背景には、ビジネス客が中心のＪＲ東海の東海道線と、観光客も念頭に置いて重要視しているＪＲ九州との客層の違いがあったからだ。

最近では、ＪＲや私鉄など鉄道会社が行う新型車両のデザインコンペに、これを受注しようとする車両メーカーが、広く世間に知られた有名デザイナーを起用して臨むケースが増えてきた。以前は、社内および頼んだ外部デザイナーの名は公表しないのが普通だったが、いまや大きく様変わりした。水戸岡など数人の著名な車両デザイナーとなると、一種のブランドとなっている。

数年前、京成電鉄は、東京の日暮里と成田空港間を結ぶ時速一六〇キロで走る新型スカイライナーAE型の「成田スカイアクセス」を計画した。その際、京成社内で論議され、デザイナーとして白羽の矢が立ったのが、ファッションデザイナーとして有名な山本寛斎だった。

鉄道車両のデザイン経験はまったくない山本だが、京成としては「腕の立つデザイナーというだけでなく、プロデューサーとしての実績と知名度」を買ったと語る。

当初の京成側の狙いはこうだった。「車両メーカーの日本車輌製造と東急車輌が基本設計してほぼ中身ができあがったあと、その上に山本寛斎事務所のデザインをかぶせればそれで十分意図は達せられる」と思い込んでいたらしい。いわば「抜群の知名度の『山本寛斎がデザインした』との話題性によるPR効果を狙った」といわれる。

ところが、もともと型破りの発想を売りとしているデザイナーの山本だけに、そんな思惑を超えて踏み込んでいった。この車両の基本コンセプトそのものを問うたのである。

「利用客は何を期待しているのか」の根本からスタートしてデザインしようと動いた。そこで山本が打ち出したコンセプトは「凮」と「凜」だった。そのイメージで外観や車内のインテリアが決められていき、先頭形状もいじることになった。

この過程では、山本は京成の車両部や車両メーカーのデザイン部とかなり激しくぶつかりつつも、自説のデザインを押し通して反映させていった。また具体化は車両メーカーのデザイン部門が担っていた。

車両デザインの担い手の変遷はこうだった。半世紀前までは機械屋の車両設計者が手掛けていた。続いて鉄道会社や車両メーカー社内のデザイナーが手掛けた。それが新世代の新幹線車両では、外部の車両デザイナーに委託する場合が増えてきた。それは自動車のデザインの流れと似ているが、三〇年ほど遅れてはいた。

そして京成の例に見られるように、最近では異分野の有名なデザイナーにも依頼する時代になってきたのである。これまでの固定化した車両デザインの枠を破って、広くＰＲしたいイメージ重視の戦略である。さらには、ＪＲや私鉄各社の競争がエスカレートしてきて、とにかく独自性を打ち出して利用客の注目を惹こうとしているのである。

フェラーリのデザイナー奥山清行を抜擢

その顕著な例が、二〇一三年三月に運行を開始して注目を浴びたＪＲ東日本の最新鋭のＥ６系の先頭形状のデザイナーである。米ビッグスリーのＧＭ、独ポルシェ、自動車のデザインでは最高峰のカロッツェリア（デザイン工房）の伊ピニンファリーナ社などで合計二五年ほど腕をふるってきた奥山清行を起用した。

彼がピニンファリーナでデザインディレクターとして腕をふるった代表作はフェラーリ創業五五周年記念モデルの「エンツォ・フェラーリ」である。

早速、東日本は「フェラーリのデザインを手がけた奥山清行がデザインしたＥ６」とアピールした。ただちにマスコミも飛び付いて盛んに取り上げた。

Ｅ６系ではＪＲ東日本が、これまでの車両デザインでは異例の複数社によるコンペを開いて決定した。受注したのは大手車両メーカーの川崎重工業系列のデザイン会社だった。そのコンペのプレゼンテーションにおいてこのデザイン会社が起用した「奥山が熱弁をふるったことがかなり効果を挙げたのではないか」とも言われている。もちろんＪＲ東日本は否定しているが。

このとき、負けず劣らず、他のデザイン会社もプレゼンにおいては、有名なデザイナーを連れてきて強くアピールしていた。

その秋田新幹線「こまち」の後継車両となるE６系と、二〇一一年三月に運行を開始したE５系の「はやぶさ」の先頭形状はほぼ同じである。時速三二〇キロで走る国内最高の新幹線車両だけに、N７００のコンセプトと違って５００系並みの一五および一三メートルものロングノーズに回帰している。

だがその先端部はともに、５００系のように鋭く尖ってはおらず、団子鼻である。このため７００系と同様に、デザインについては賛否両論がある。E６系の運転席の斜め前の両サイドに配した切れ長のヘッドランプは、奥山がデザインを監修したからか、スピード感あふれるフェラーリを彷彿とさせる。

E６系は東北の地元秋田の「なまはげ」をイメージしており、これまでにはほとんど使われてこなかった明るい赤が、先頭形状の上半分もの大きな面積を占めている。

一方、E５系の「はやぶさ」もまた、これまでにはない華々しいカラーリングである。上半分が明るい「常盤グリーン」で、下半分はE６系と同じく「飛雲ホワイト」、列車の横っ腹中央を走るラインは「つつじピンク」である。

あきらかに両者とも、これまでの新幹線車両にはほとんど使われてこなかった明るい赤やグリーンが、かなり広い面積を占めていて、その意外性と大胆さが目を惹く。デザイナーたちの「これまでにない新幹線を送り出したい」との強い思いがそうさせたのであろう。

以前までは、重々しいイメージがどうしてもぬぐえなかった鉄道の世界である。それが、最近の新幹線車両ではファッション性がことさら重要視される時代に入ったことを痛感させるデザインでもあった。

車両メーカーのデザイン部門

ここで車両のデザイン作業はいかにして進められ、そして決められていくのか。関係するデザイナー、車両メーカー、鉄道会社の三者による作業の役割分担やその内実についてごく簡単に紹介しておこう。

一人は、JR各社および私鉄などと、かたやデザイン会社のデザイナーとの間に立つ形となる鉄道車両メーカー、日本車輌製造のデザイナー部門の先の田中裕紀デザイングループ長である。田中は「鉄道車両デザイナーの仕事とは」(『鉄道ダイヤ情報』二〇一一年八月号)においてその実情を語っているので随時引用する。

「高校生の頃、地元を走る近鉄線に〝アーバンライナー〟がデビューしました。そしてそのデザインに強い衝撃を受けたのをいまでもよく覚えています」と語る。

大学では芸術学科でデザインを専攻していたが、そのとき、アーバンライナーのエクステリア(外観)デザインを手がけた教授と出会い、「自分も鉄道車両のデザインを仕事にしようと決めた」のだった。一九九四年、車両メーカーの大手である日本車両に入社した。その後は一貫して車両デザインの仕事にタッチしてきた。

日本車両の強みは「オールマイティーなものづくり」であり、「国内・海外は問わず、多種多様なバリエーションを手掛けて」いると田中は強調する。

入社した田中が最初に手掛けたデザインは、幸運にも大型案件の500系や小田急電鉄の「ロマンスカー」30000形〝EX〟だった。もちろん新人だけに、部分的にかかわったのだが、500系は大手車両メーカーの四社による共同設計・製作で、田中はインテリアを担当した。

JR各社が計画する新幹線車両の発注は大型案件で価格も高いだけに、一社ではなく複数の車両メーカーに製造を依頼する場合が多い。このため、500系のデザインでは、「JR西日本の車両課様と、各車両メーカー様のデザイン担当者、設計者が一堂に会したデザイン会議を行い、詳細な仕様を決定していきました」

各社の担当者が自社のデザイン案を持ち寄って議論し、ＪＲの仕様や要望を踏まえつつ整合性を図りながら作業を進める。そのあと、各社の役割分担を決めるのである。

デザインするのは車両のエクステリア（外観）、インテリアのあらゆるものである。例えば、外部のカラーリングや室内のレイアウトやシート、内装、テキスタイルの色柄やデザイン、材料、便洗設備、デッキ、電話など小物のデザインなどである。

田中ら車両メーカーのデザイン部門の担当者は、「純然たる（デザイン）業務だけではなく、設計部隊との協調や協議も必要です」。もちろん、鉄道会社も含めての「調整役、コーディネーター的な役割も大きいといえます」とも語る。

それは鉄道車両についての知識がほとんどない、ほかの分野が専門のデザイナーが受注した場合、鉄道会社とその外部デザイナーとの間に入って調整役も引き受けてまとめねばならない車両メーカーのデザイン部門としては、神経を使い振り回されもするので大変である。「（デザイナーから）ご提示いただいたデザイン案を現実にできる形に調整していくこともわれわれが苦労するところです。まさに理想と現実のギャップです。できる、できないの話ですね。こうしたい、ああしたいというのは、私たちもデザイナーとして気持ちはよくわかるのですが、現実につくることを考えたとき、製造技術とかコストなどが常に付きまとう問題になるのです」

このあたりの役割は、自動車メーカーのデザイナーとまったく同じである。

ではデザインの具体的な作業はどのように進めていくのか。

「デザインのデジタルデータ化は、この一〇年くらいで大きく進展し、定着してきました。現在では基本的に手書きで資料をつくって提案するなどということはほとんどなくなりました」

かつてのデザイナーに対する一般的なイメージがある。アイディアが頭に浮かぶまま、鉛筆やコンテを手にして滑らかな動きでラフスケッチを描き、丹念に色も加えて仕上げてイメージをまとめ上げる。といった世界は、年齢が高いデザイナーが初期段階で描いたりする場合はあるそうだが、もはやデザインの現場からは消えてしまったのである。

現実として、あとの設計部門への伝達や、社内あるいは社外の鉄道会社などへのプレゼンテーションや、プレスへの提供などを考える必要がある。だから、効率性の問題もあってネットで共有できる「3D・CAD」やパソコンが業務に普及した今日では、それらに加えて、3Dソフトを活用して難易度の高い造形にも取り込める環境が整っている」ので、デザインのデジタル化は急速に浸透したのである。

複雑な先頭形状の三次元曲線についてはどうか。「鉄道車両というのはその製法上、完全な自由曲面の形状を採用するというのは、自動車などと違ってプレスで一発というわけにはいきません。自由な面構成というのは、なかなか難しい」

このため「基本となる寸法や製作条件を押さえながら、最初から3Dで形状を起こし、バランスを確認しながら最適な形状を検討すれば、効率よく作業が進められる」というのである。

打ち出し工法で顔を作る

二〇〇八年三月、東京お台場にある日本科学未来館において、第二回「ものづくり日本大賞」（経済産業省主催）を授賞した製品が一同に展示された。この時、開会初日を前にしての内覧会が開かれ、主催者からお声がかかってそのセレモニーに出席した。

国立科学博物館理工学研究部科学技術史グループの鈴木一義主任研究官が参加者一同とともに順次移動

しつつ、各展示品の前でそれぞれの説明をして回っていた。そのとき、一同とは離れて、会場に置かれてある休憩用のソファに独りぽつんと座っている山下工業所の山下清登社長を認めた。

今回、「ハンマー一本で、新幹線の『顔』をつくる独自の打ち出し加工技術」を有するとして内閣総理大臣特別賞に輝いた会社の社長である。今から半世紀ほど前、山下社長は難しい０系新幹線の先頭形状（先頭構体）を、ハンマー一つで鉄板から作りあげた人物としてこの業界では広く知られている。偶然にもお会いできてチャンスとばかり、早速、私は当時の話を訊いた。

「まだ、まともな国産の車も登場していなかった昭和二十年代の後半ですが、これから自動車の修理の仕事が出てくるかもしれないと思って、外車のバンパーを修理する板金の見習いの仕事を始めたのです」

このとき山下は一七歳だった。外車の修理を続け、腕も上げてきた数年後、日立製作所から思わぬ仕事の注文が舞い込んだ。

「蒸気機関車の上部にある丸い形をした砂入れを作ってほしい」

山下は「慣れない仕事だけど」と戸惑いつつも、尻込みすることなく引き受け、製作に取り組んだ。薄い自動車の鉄板とは勝手が違って厚いので、時間もかかり苦労させられたが、それを見事に作りあげたことで日立から高く評価された。

その後、山下は独立して山下工業所を創設した。一九六三年、〝夢の超特急〟と言われる０系新幹線の先頭形状を形づくる仕事が、またも日立製作所から舞い込んだ。「どうも日立さんでは複雑で微妙な曲面の製作は難しかったようです」と語る。

これまでの仕事と違って曲面が複雑でモノ自体もかなり大きい。早速、作業に取りかかった。これまでの経験を踏まえながら製作の手順を考えた。まずなすべきことは、先頭形状を原寸の大きさで、正面、上面、側面の形に合わせて「板取り図」を紙の上に描くことだった。それを適当な枚数に分割し、それに合わせて鉄板を切断する。これらをそれぞれ、ひたすらハンマーで何度も何度も繰り返し叩き、ときにはバーナーで炙って軟らかくしてさらに曲げ、実際の曲面に仕上げていくのだった。

結局、0系では二〇枚ほどの鉄板に分割したが、ある程度の形ができあがったところで、原寸で作られている実大モデルの木型に当ててガイドとした。それぞれがぴったり同じ形状に仕上がっているか否かを確認し、隙間があれば、またもその周辺をハンマーで叩いて修正して合わせていくのである。

「鉄板に対して直角にハンマーを振り下ろすのが基本です」と語るが、きつい角度に曲げる場合には、その部分の叩く回数を増やすことになる。素人が一見すると、実に根気のいる単純な作業の繰り返しのようにも思える。鋭い曲面や微妙なカーブなどを出す場合には、その鉄板の下に当てるものを硬くしたり、あるいは軟らかいものにする工夫も必要だった。

「知らない人が見ると、ただ単純に叩いているように見えるかもしれませんが、それではむやみやたらに時間を費やすので得策ではない。叩く力の入れ方に強弱があって、それをうまく使い分けながらやるのですが、そこは経験と勘がものをいうところです」

分割した各鉄板の形状ができあがると、それぞれを裏側から溶接してつなぐことになる。その際の熱によって鉄板が変形するのでまた叩き、あるいはバーナーで炙ってまた叩く。適当な枚数を繋げたところで、そのあと表面をグラインダーで仕上げて凸凹をなくし、滑らかな面に磨き上げる。それらの鉄板を、先頭形状に合わせて溶接された骨組みに張りつけてさらに溶接して、またも凸凹をハンマーで叩き、バーナーで炙って、さらにグラインダーで削り、表面を磨いて仕上げるのである。

これまで山下工業所では、0系のほかに100系、200系、300系、500系、700系、台湾新幹線700T、800系、E2系、E5系、E6系、E7系、加えてこれまでのリニアの実験車両の顔（先頭構体）も作ってきた。

「でも、０系は初めての仕事で慣れていなかったこともあって、一番苦労して作りあげた車両です。徹夜したこともあっただけに思い入れも強いものがあります」と振り返る。

山下社長の右手に触れさせてもらうと実に柔らかだった。社長業に専念しているのかもしれないが、それでも腕はたくましくて太かった。

現在、一九六三年に入社して山下に教えを受けた後継者の国村次郎がいるが、年齢は高い。その国村は、二〇〇八年秋、「現代の名工」に選ばれた。

山下はしみじみと語った。「一人前になるには七、八年かかるが、だめな作業者はいくらやってもだめだ。その点から、後継者を育てるのはいつも問題になる。この仕事に向く人とそうでない人がいますからね」

車両工場の組み立て工程

だが最近の新幹線は０系の時代の車両と違って、流線形の複雑な三次曲線が多いだけに、作業はさらに難しくなっている。このため近年になり、職人技に頼らずとも、こうした三次元曲面に加工できる機械も開発されてきたが、すべての曲面について使えるというわけではない。やはり微妙で複雑な曲面部分は、今も手作業による叩き出し工法での製品作りが行われている。

日本の車両トップメーカーで、製造技術が最も進んでいるといわれる川崎重工業車両カンパニーでも、最新の先頭車両の顔の作り方の基本工程は、意外にも半世紀も前、山下が手掛けた０系とさほど変わりがない。

一九〇六年に車両工場を開設した川崎重工は、鉄道院（鉄道省）の各種蒸気機関車を手掛けることになり、日本初の国産機関車も製造した。満鉄で活躍した有名なパシナ形蒸気機関車「あじあ」号も製造した。

すでに紹介したが、0系新幹線への道筋を切り開いた「湘南電車」の国鉄80系、小田急電鉄向けの豪華特急電車のSE車3000形、さらには、日本初の長距離電車特急「こだま」の20系電車も手掛けていた。

いまや当たり前となった全アルミ合金製車両を、日本で最初に製造したのも川崎重工である。そんな川崎重工の車両工場の本拠である兵庫工場において、最新の新幹線も含む各種の車両が製造されている。その中で車両の組み立てを行う構体工場がある。そこでは車両全体の立体を構成する主な台枠、妻構体、側構体、屋根構体に治具を当て、寸法や取り付け角度にずれがないようにして、順番に自動溶接機や手溶接で接合して箱状の六面体を形づくっている。

この工場において最も手間がかかるのは、三次曲面の先頭形状の先頭構体を形づくる職場である。複雑な曲面部分を作りだすのは、やはり昔ながら熟練工の手による叩き出しの作業だった。でもその前段階では、ローラーの加工機械によって、まずは大まかな二次曲面が成形され、その分だけ手作業が省ける。その後も、クラフトフォーマーと呼ばれる、鉄板部材を叩きながら〝つまむ〟動作ができるという特殊な工作機械を操って三次曲面を作り出していくのである。

その過程では、先の山下が解説した工程作業と同じように、途中段階で逐次、大小さまざまな木型にあてがい、曲面の仕上がり具合を確認しながらの微調整には、やはり人の手によって金槌や木槌のハンマーで叩く作業が不可欠である。

その後の顔を形づくる先頭構体の最終的な組み立て作業は、基本的に先の0系とほとんど同じである。溶接によって生じた歪みは、やはりバーナーで炙って後、水をかけて急速に冷やして変形収縮させて修正し、ハンマーで叩いて最終的な形を作り出していくのである。こうした微妙な作業もまた、やはり熟練作業者の勘と腕に頼ることになる。

この後、組み上がった先頭構体などの車両は塗装工場に送られ、カラフルにお化粧をする。そして艤装工場に送られ、動力や制御装置、空調機器、込み入った各種車両の配線、緩衝材、内装、椅子やテーブルが組み付けられる。

さらには台車が車両に組み込まれ、電動機やブレーキ、空気ばねもセットされる。最終の過重負荷試験や機能試験、各種制御装置や機器のチェックや微調整も行われて、異常がなければ完成となる。

第一章で紹介した、最近、航空機に多用されるようになった炭素繊維強化プラスチック（ＣＦＲＰ）の製造工程についても、アルミ合金との違いに着目しながら、ごく簡単に触れておこう。

これについてはＣＦＲＰの先頭車両をＪＲ東日本と共同開発した川崎重工が、「ＣＦＲＰ製新幹線電車先頭構体の開発」と題する貴重な論文を発表している。

それによると、ＣＦＲＰの先頭車両の開発での要求は、そのメリットである「外面が美しくて平滑度が高いこと」だけではない。さらには、「製品コストは、アルミ構体車と同等以下」「強度・剛性」や「音響性能」「断熱性」「重量」「難燃性」のいずれにおいても、アルミ構体と同等もしくはそれより優れていることを目標とした。そうでなければ、実際の車両をＣＦＲＰに変更する意味がないからだ。

この中で、ＣＦＲＰとアルミ合金の両先頭構体の、曲げや圧縮、引っ張り、せん断や鳥が衝突した時などさまざまな強度を、コンピュータ上での解析と、実物大および縮小モデルを使っての各種試験によってともに確認して、両者を比較したのである。

すると、強度的な面ではすべてにおいて問題のないことがわかった。ただ、振動および音響試験においては一長一短のあることが判明した。振動では、ＣＦＲＰはアルミ合金に比べて材料の減衰（振動が次第に収まっていくこと）効果は大きいが、構造体としては減衰が小さいことがわかった。

音響では、低周波数域では遮音性が優れているが、逆に高い周波数域では劣る結果が出た。ＣＦＲＰ製はアルミ製と比べて、遮音の作用を果たす内装材が一切ない空洞のため、どうしても室内音が大きくなるのである。このため、実用化する際には、ＣＦＲＰ内面に吸音性の大きい材料をあらかじめ貼りつける対策を取ることにしたのだった。

高級ホテルのような８００系

最近では、ＪＲや車両メーカーではない外部の独立したデザイナー（デザイン会社）によるデザインが増えている。代表するデザイナーを数人紹介しておこう。

長年にわたり新幹線のデザインを手掛けてきた名古屋学芸大学メディア造形学部長の木村一男である。もともとの出身は日産自動車で名車の数々を手がけた後、独立してＴＤＯ（トランスポーテーション・デザイン・オーガニゼーション）というデザイナー集団を立ち上げた。２００系から新幹線の開発においてデザインを担当し、Ｎ７００系などのデザインも担当してきたこの世界の大御所である。

産業技術大学院大学教授の福田哲夫も日産自動車に入社したが、数年で退社し、石油ショック後の時代の趨勢を念頭におきつつ、環境志向を目指してフリーとなった。一九八五年、やはり日産の先輩である荒崎良和とともに東京・銀座にデザイン事務所の「Ａ＆Ｆ」を設立した。

福田が車両のデザインにかかわるようになったのは、一九八七年にＴＤＯから声がかかり、リニアの実験車両のモックアップ（実大模型）ＭＬＵ００Ｘ１およびその改良型のＭＬＵ００Ｘ２のエクステリアのデザインを手がけたときからだった。

その後、種々の交通機関のデザインも手掛け、車両ではＪＲ東海の「ワイドビュー　ひだ」、新幹線では３００系、４００系、Ｅ２系、７００系、Ｎ７００系などをデザインしてきた。

少年時代から飛行機好きで航空雑誌を購読し、「飛行機の模型づくりが大好きだった」という。そのため、おのずと飛行機のフォルムや知識が身についていて、後にデザイナーとなった際にも自然と生かされ、航空機の胴体を絞るエリアルールの考え方も知っていた。

国内大手のインダストリアルデザイナー集団であるＧＫデザイン機構もそうであり、その社長を歴任している田中一雄もその名がよく知られている。これまでＥ３系からＪＲ東日本などの通勤電車まで数々の車両をデザインしている。

彼らは美術大学出身で、大組織の自動車メーカーの中でクルマのデザインを手がけてきた経験を有していたり、車両に限らず、あらゆる工業製品のデザインを手がけてきている。そのせいか、彼らは車両のデザインにおいても、技術者や経営者とのやり取りがスマートのように感じられる。

先のドーンデザイン研究所代表のインダストリアルデザイナー・水戸岡鋭治は木村らとはその姿勢が少しばかり異なるようである。第一印象としては職人的な風貌も感じさせる。さまざまな場での発言が際立っており、幾つかの著作も発表している。

水戸岡がデザインした先の８００系「つばめ」は、「これまでの新幹線の枠を破った」との評判である。それはまるで高級ホテルを思わせるほどの豪華さで、車内に足を踏み入れた乗客が思わず「すごい」と口にしてしまうほどだ。ゴージャスなインテリアは旅という非日常の世界に誘ってくれる。

従来の新幹線に比べてデザイナーの企画性を前面に打ち出し、それが際立っていて評判は上々で大いに話題となり、成功した車両だからである。

水戸岡は車両だけでなく、建築や店舗、街づくり、インテリア、家具、船舶など幅広いデザインも手掛けている。国際的なブルネイ賞など多数を受賞しており、車両デザインについて語るその口調は実に率直で、外部デザイナーとしての割り切りの良さを感じさせる。

車両のインテリアでは質感や材料、伝統を大事にする。これまで車両ではためらわれてきた木材や陶器、漆など和の材料を大胆にしかもふんだんに取り入れて、この世界に新風を吹き込んできた。よき意味での

〝遊び感覚〟に長けていて、サービス精神も旺盛である。

その極め付きとなる二〇一三年にJR九州に登場した「オリエント急行をもしのぐ豪華さ」ともいわれ、贅を尽くした豪華寝台列車の「ななつ星in九州」は大いに話題をさらっている。

水戸岡はデザイナーの仕事や自らが目指す鉄道車両のデザインについて、自著『電車のデザイン』において語っている。

まず目指す方向性として「日本の鉄道は、速くて安全であることはいうまでもないが、さらに上にある楽しさや美しさを追求していく段階にきているのではないだろうか」と強調する。またデザインの基本は「美しい、楽しい、使い勝手が良い」とも語る。

さらには、「車両ができた瞬間」「線路を走る」「最初の瞬間」の場に立ち会うことを重視する。そこでクライアントの鉄道会社や利用客に「すごく良かった」「あまり良いとは思えない」といった自然な反応を自分自身の五感で感じることを大切にしていると語る。

そうしたデザイン独特の感性の世界を大事にしつつも、デザイン事務所を営み、仕事として取り組むデザインについては極めてクールな割り切りの言葉を口にする。その点において、主に美術大学の教授である著名な車両デザイナーたちとの違いが目立っている。それは「お客さんからの依頼があって仕事が成り立つ」のが、車両も含めたインダストリアルデザイナーの大前提であり、宿命でもあるからだ。

デザインする前に必ず念頭に置く基本認識として次の四つを挙げている。
一、まず考え方を決める。二、利用者の立場に立つ。三、コストパフォーマンス意識の徹底。四、好み・趣味・アートは二の次、三の次とする。
ことに四つめの指摘はいかにも水戸岡らしい。「わたしはアーティストではなく、『デザイナー』だ」とし、さらにはあえて「私は職人です」とも自己規定する。独りよがりの「自己満足」や「プライベート感覚になる」ことを厳しく戒めている。

デザイナーはアーティストのように自己表現をするのではない。「公共（ユニバーサル）のデザイナーであり、個人的な好みや趣味を表現しているわけではありません。多くの人が望んでいることを翻訳・通訳して、色、カタチ、素材、使い勝手におきかえ、表現していく」という仕事であると強調する。

それは彼の経歴からもきているのではないだろうか。いま日本の著名な車両デザイナーは、それ以前、大手自動車メーカーのデザイナーとして活躍していた人たちが多い。先にもすこしばかりふれたが、自動車と車両のデザインは共通するところが極めて多いからであろう。彼らの経歴を見ると、有名な美大のデザイン学科などを卒業している場合がほとんどで、いわばエリートである。だが水戸岡は岡山県立岡山工業高校デザイン科卒で、世にいうエリートとはいえない。

「実家が家具屋なので、家具のデザインなどもしていました。上京してきたばかりの当時は、なかなかデザインの仕事がもらえずにいたので、得意だったイラストの仕事を一生懸命やっていたのです」と振り返る。

若い頃は下積みの仕事を経験したのであろう。そのせいか、クライアントとの関係については割り切った冷めた言い方をする。

「デザイナーにとって自立している、ということは肝心なことです。自立の前提として、『わたし（たち）は、あなたの会社の仕事がなくても食べていけます』ということが、なにより大切。その前提があってこそ、デザイナーは『志』を立てることができるのだと思っています」「デザイン事務所は経済的に特定のクライアントから自立しているというのは、なにより重要なことだと思います」

それは自身でデザインしてそれを生産し、販売するという仕事ではないインダストリアルデザイナーは、仕事を発注するクライアントあっての職業である。のし上がって、売り手市場になるほど著名になればともかく、その置かれた立場は微妙で弱いからだ。水戸岡はそのことをさんざん味わってきたからであろう。そのような体験を踏まえながら、車両デザインの仕事の性格や内実がどんなものであるかを少しばかり垣間見せる言葉を吐いている。車両メーカーとの協力関係については、「うまくいくわけはないんです（笑）。わたしたちはお客さんの代表としてデザインしようとしますし、（二十数年来の付き合いがある）ＪＲ九州は運営者としての立場があり、メーカーは合理的に利益を追求しながら物をつくっていこうとします。三者それぞれに目指す方向が違うわけですから、まずはぶつかるんです。そのとき、明快に正直にぶつかっていくことが大事で、そこでそれぞれのスタンスが見えてきて、おのずと接点が見えてくるわけです。それぞれが落としどころがうっすらと見えてくると、そう難しい問題じゃなくなるんです」

その代表例として先に紹介した８００系「つばめ」のデザインが挙げられる。

だがこうした共同作業が必然の車両デザインにおいては、クライアントやメーカーなどそれぞれの立場からの意見や考え方が飛び交って、侃々諤々の議論がなされるのも事実である。このため、そのときに「自分の軸」をもつことが重要であると水戸岡は強調する。

水戸岡鋭治のオンリーワン・デザイン

水戸岡が「鉄道デザイナー」として最初に世間から認知された車両は、一九九二年に登場した７８７系特急「つばめ」であった。この仕事が高く評価されブルーリボン賞、ブルネイ賞などを受賞し、その後も数々のデザイン賞を受賞している。以後、信頼と評価を得たＪＲ九州との関係が現在まで続いてきた。

ＪＲ九州に気に入られた水戸岡が次々と手掛けてきた車両は、登場するたびに斬新な印象を与え「和のテイストを生かしたデザインのようだ」とか「地元の洗練された素材や技術、伝統工芸品を生かした」とか言われて評判となり、デザイン界でも高く評価されてきた。

水戸岡の代表作で二〇〇九年に登場した新幹線の新８００系「つばめ」は、それまでの８００系を進化させたものである。三次元の前照灯は「出目金」にしており、「これは高速車両としては世界でも初めてではないでしょうか」と語る。列車の横っ腹を走るラインは「ツバメ返し」のようなデザインにした。

さらに水戸岡の真骨頂であるインテリアは、「日本的な和を、今風にアレンジしたらどうなるかにこだわり」、金箔を貼り、窓台には無垢の木を使った。これまでプラスティックであった荷台の下も、木を使って統一感を出している。車両の床や壁には白木を使い、しかも金箔も施してある。本人に言わせれば「とても日本的で『めでたい』感じに仕上がっています」とご満悦である。

さらにはこれでもかと、装飾には九州の伝統工芸を惜しげもなく使った。一般的なイメージからすると、金属製であり工業製品である車両とはとても結び付きそうにもない伝統工芸の職人に声をかけた。「すごくお金のかかる装飾でしたが、予算のない中で最高のものを提供したい」という水戸岡の思いは熱く、「新幹線に生かすことで、職人の皆さんには、自分たちの仕事が公共の空間に展示される喜びを、感じていただけたのではないだろうか」

「ななつ星ｉｎ九州」ではこのデザイン思想をさらにエスカレートさせて、これでもかと言わんばかりの贅沢志向である。十四代柿右衛門を口説き落として、伝統工芸の極みといえる柿右衛門の陶器を洗面所の鉢シンクに使い、ちょっとした飾りにも用いている。日光東照宮の陽明門の有名な透かし彫りにも似たデコレーションも配されている。

「普遍性をもった機能美を追求」すると同時に「地域のアイデンティティを洗練させた形で表現」した「オンリーワンの車両誕生」である。そこには、ＪＲ九州との長い付き合いの中から生まれた信頼関係があってのことだと想像されると同時に、なにより利用客の絶大な支持に支えられてのことである。

水戸岡は車両デザインの仕事の基本についても語っている。

最初の車両デザインに関する企画では、「志」としてのコンセプトであり、「特注感がないといけない」と強調する。また「デザインには総合的に物事を見る力が必要」で、仕事を進めていくときには「すごいものができるようだ、という『予感の共有』が必要で、それにより協力者たちの力が結集され、いい仕上がりに繋がっていく」と指摘する。

「デザインの根幹は、漠然とした夢から具体的なカタチをつくりだしてゆく、一連の構想検討作業です」とし、「時代が求める『用の美』をバランスよく実体化していくこと」が大事であると説いている。

否定された500系のデザイン

ここで新幹線の先頭形状のデザインに関する見方を少しばかり変える意味で、外国のデザイナーの言葉に耳を傾けてみよう。今日の〝新幹線ブーム〟をつくりだしたといわれ、圧倒的な人気を誇る500系のエクステリアのデザインを手掛けたドイツのアレクサンダー・ノイマイスターである。

一九四一年、ベルリン生まれの彼は、独ウルム造形大学卒業後、来日して、日本の東京芸術大学に一年間留学し、インダストリアルデザインを学んだ。帰国後、しばらくしてミュンヘンにデザイン事務所を構え、以後、四〇年間にわたり鉄道車両やエレクトロニクス製品、医療機器などさまざまなデザインを手掛けてきた。

一九八三年から五年間にわたり国際インダストリアルデザイン団体協議会の理事・副理事長を歴任、日本では、外国人としては初の全国発明表彰通産大臣発明賞ほか多数を受賞している。

国際的に活躍するノイマイスターは、ドイツの高速鉄道ＩＣＥ、磁気浮上式高速鉄道のマグレブやトランスラピッドの車両デザインを手掛けてきた。そのほかには、ドイツ、日本、中国、ブラジルにおいて、さまざまな電車や地下鉄車両も手掛けている。

彼は鉄道車両そして日本の新幹線について、日本の雑誌『新幹線Ｅｘ』（二〇一〇年三月号）において長時間インタビューに応えているので、随時引用していきたい。

彼が「おおむね基本構想から」かかわった５００系のデザインは、それまでの新幹線には見られないスピード感溢れるスタイリングだった。お目見えすると大きな話題を巻き起こして、俄然注目を集めた。

ところが、すでに紹介したように５００系は、航空機との熾烈な競争に勝ち抜くため、スピード優先の日本初となる時速三〇〇キロを実現させた。空気力学に基づく先頭車両の流線形はだれしもが認める見事な出来栄えだったが、その鼻の部分が長くて、座席数が少なくなった。さらには先頭車両の前方側ドアも設けることができず、乗客や乗務員に不便をもたらした。しかも車両断面が丸型であるため、従来の箱型と違って足元が少しばかり窮屈になる。天井のコーナーも圧迫感が感じられるといった収益性や居住性に難点があった。

その外観デザインは鉄道ファンのみならず広く利用客の圧倒的な人気を得たのだが、運行側のＪＲ東海には不都合だった。二〇一〇年二月、惜しまれながらも、定期の「のぞみ」運用から離脱し、東海道区間からは姿を消して、早々と主力の座からは降りることになった。

独ノイマイスターの反論

こうした経緯からくる悔しさもあってか、ノイマイスターの新幹線や日本の車両メーカーおよびＪＲ各社に対する見方は痛烈である。世界で活躍している自負もあってか、クライアントに配慮する日本人車両デザイナーではとても口にできない言葉を吐いている。

「ニッポンの新幹線は、テクノロジー志向の産物というイメージであり、究極的には『地下鉄の延長』と見なす発想に長らく支配されてきた。ごく最近になってやっと、それがほんの少しずつ変わってきたという印象も受けますが、あくまで微々たる変化の兆しです」

具体的な指摘として５００系の例を挙げつつ、「私にいわせると、車内空間の『ゆとり』の感覚に関して、円形と矩形（箱型）の断面で生じる差異はほとんどありません。ところが丸い断面形状もまた、次の世代の新幹線には受け継がれませんでした」

５００系にとって替わった以降の７００系、Ｎ７００系などがいずれも矩形の断面になったことを指している。

「５００系の円形が継承されなかったがために、日本の新幹線は、将来的な発展の契機を逸したと思います。列車は、以前にも増して高速で運転されるようになったにもかかわらず、ふたたび矩形の、つまり箱型の断面形状を呈する車両が主流となり、そのノーズは、空気力学的には非常に複雑で、一種の『アクロバティックなデザイン』に陥ってしまいました。

私にはどうしてもＪＲ各社が、あらゆる必然性に反してまでも『箱型』の車両、矩形の断面形状にこだわりつづけるのか、ちっとも理解できません。もちろん、設計・運用上の『実際的な論議』が多々あることなど、私だって知っています」

ノイマイスターはさらに指摘する。５００系以降、空気力学的に合致する流線形の先頭形状から、客車の箱型断面へと繋ぐ場合、その繋ぎ方においていかにスムースに形づくっていくのか。その点においてどうしても無理が生じて、先頭形状の顔つきがおかしくなる。

その結果、「どれほど『アクロバティックなフォーマリズム』が最近の日本の新幹線で横行していることか……。これを踏襲する限り、将来的には、いっそう高速化の一途をたどる列車に対して、あいかわらず（日本の）トンネルは狭いので、さらに奇妙奇天烈で『疑問だらけ』の車両をよしとすることにつながりかねません。そんな状況で、空気力学的な条件を満たし、魅力的なデザインの車両が生み出されると思いますか」

５００系以降に登場した日本の新幹線車両の先頭形状の多くが、一般の人々には「違和感がある」とか「親しみがもてない」といった受け止め方もある。そのことをノイマイスターは十分に踏まえつつ、これら辛らつな言葉を口にしているのだろう。

これまで自らが手掛けてきた磁気浮上のマグレブやＩＣＥなど高速車両をデザインしてきた経験からしても次のように力説する。「一般的に鉄道車両の断面形状は、先頭のかたち、いわゆるノーズのデザイン的な可能性と不可分な関係にあります。車両の先端形状は、断面によって決定されるといっても過言ではないのです」

丸型の断面が単に見た目のデザイン面においてカッコイイというだけでなく、構造力学的に堅固である。しかも空気力学的観点からも空気抵抗やトンネル微気圧波からも有利であることから、「デザインとテクノロジー（機能・性能面）の『調和的な関係性』をポジティブに表す形である」というわけだ。

「最終的にノーズがこの形状に、この長さに落ち着いたのは、開発に携わったひとびとが協働して導いた『最適な解』にほかなりません。空気力学の研究者、エンジニア、デザイナーが共通認識を持つことで、この先頭形状に至ったわけです。その意味では、『最良の機能主義デザイン』と評することができます」

とかく日本のＪＲや鉄道車両各社から見れば５００系は、著名な外国人デザイナーであるノイマイスターにデザインを依頼したため、デザイン優先で押し切られてしまったのではないかとの見方もある。

これに対してノイマイスターは先の反論に引き続いて、次のような経験も披露する。「私の場合、これまでずっと『高度なテクノロジー領域』と密接にかかわるインダストリアル・デザインを専門としてきたので、開発・設計のパートナーは、つねにエンジニアでした。よって私は、エンジニアとの意思疎通には長けていますし、彼らの意図を十分に理解することができます」

その具体例として、ヨーロッパ航空防衛・宇宙社グループ（ＥＡＤＳ）に属するドイツの航空機メーカーの旧ＭＢＢ（メッサーシュミット・ベルコウ・ブローム）社やマグレブ・トランスラピッドなどとの学際的なチームワークで仕事をしてきたことも披瀝する。

その際には、ノイマイスターらデザイナーが最初期から参画して、コンセプトを提示し、エクステリアやインテリアのデザインのモックアップができあがって決定し、そのあと、車両メーカーの実際の設計がスタートした。日本とは手順が逆であるというのだ。

こうした５００系の車両デザインに対する批判への反論も展開した後、ノイマイスターは自身の車両デザインに対する基本認識を披露する。

「三〇年後の近未来を見据えながら、ホテル、公共空間、店舗、レストランなどと通奏するモダン・デザインの原理を抽出し、これを根幹とする『普遍的な旅のデザイン』を目指す。さらには同じようにして伝統的な美意識に対峙し、そのエッセンスを盛り込んで全体的な調和を図ることが肝要です。したがって、私たちの仕事は、『創造力の発露』なんてものではなく、やはり『真摯な最適化』の積み重ねといえるでしょう」

そうした考え方の立場からすると「かねてから私が不思議に思ってきたのは、これほど質の高い製品を生産することができ、しかも豊かな伝統を有する日本という国で、どうして両者を融合させた普遍性の高いデザインをつくりだせないのかという点です」

例えば、自動車エレクトロニクス製品においては、日本のデザイン戦略は世界において成功しており、そうした製品が周りにいっぱいあって、目にしている。

にもかかわらず「なぜ車両分野においてだけは、インダストリアルデザイナーが貢献する役割が、車両メーカーやＪＲ各社には理解できないのか」と問いかけている。それはお役所（国鉄）の体質をいまだに引きずるＪＲ各社に対する批判でもある。

こうした観点から、ノイマイスターは「水戸岡さんが手掛けた初代８００系でいうと、インテリアにおける木質その他の自然素材、伝統的な染織品の使い方はおもしろいと感じます。独特な『和風ムード』を車内にもたらしていますし。確かに水戸岡さんの仕事は、時には『ちょっとやり過ぎ』という印象も受けますが、『日本の車両をもっと日本的に』という可能性を探るという意味では、そのディテールはヒントに満ちています」

デザインは単なる飾りではなく、最初のコンセプトを打ち出す企画段階からデザイナーを参画させるべきだと力説する。

今後、省エネルギーや大気汚染防止、資源保護政策などが強まり、その有効対策としての鉄道の新設プロジェクトが世界の国々で次々と発表されていて、巨大な市場が生まれようとしている。受注競争は激しさを増してくるが、その際、「鉄道車両のインダストリアルデザインが大きなカギになる」とノイマイスターは力説するのである。

最後にノイマイスターは最も言いたかった言葉で締めくくっている。

「新幹線に特化していうと、たとえばＪＲ各社の『ビジネスライクな企業ポリシー』によって、車両のインテリア・デザインが、公共インテリアの『現状』や『あるべき姿』から切り離されてしまいました。（中略）新幹線だけが蚊帳の外におかれてしまったようです」

先のＮ７００系の先頭車両を設計したＪＲ東海の技術者、成瀬功にインタビューした際、ノイマイスターの新幹線車両に対する批判について訊いてみた。

「車内は乗っている乗客のスペースが小さくなるとか、座席数が減るとか、５００系ではいろいろ問題もあったわけですが、本当だったらもう少し歩み寄れるところがあったのではないかと推測します。ようは鉄道の場合、鉄道関係者だけでなく、お客さんの受け止め方も含めての全体のバランスをとるということが大事ではないでしょうか」

終　章　新たな時代への挑戦

日本の鉄道は欲張り

新幹線に対するノイマイスターの批判は、ビジネスや技術が最優先で、あまりにも鉄道会社や車両メーカーの力が強すぎて、結果としてデザインをゆがめているというものだ。

だが見方を変えれば、それだけ日本の新幹線は欲張っているともいえよう。あれもこれも要求してすべてを実現させようとするため、そのしわ寄せが先頭形状のデザインに及んで、違和感を醸し出す顔や車両形状となってしまう場合も出てくる。

でも振り返ってみれば、日本の工業製品にあれもこれもと要求するのは何も鉄道車両だけではない。外国と比べて日本の家電や携帯電話、カメラ、クルマ……などといった工業製品は、さまざまな機能がこれでもかといわんばかりに搭載されていて、弁慶の七つ道具のようになっている。この貪欲さというか、至れりつくせりの過剰性をもつ製品づくりこそ日本の一大特徴である。そうした傾向性がエスカレートした最近では「日本製品のガラパゴス化」ともいわれていて一長一短があることも確かだ。

先のリニア車両を開発したプロジェクトマネージャーの藤本隆史が語っていたことを思い起こす。

ＪＲ東海の葛西社長が二三メートルもあったロングノーズのＭＬＸ05車両に対して営業面（利益）を考

慮すべしとの発言に見られるように、それはノイマイスターが批判的に指摘していることそのものであろう。

ひとまず新幹線については脇におき、日本の鉄道の歴史をさかのぼって振り返ってみよう。すると、こうした葛西らを代表とする日本の鉄道車両に対する考え方は、今に始まったことではないのである。むしろ、一面では昔から日本が選び取ってきた方向性であり、日本ならではの鉄道車両の在り方でもある。

明治の初期に導入されて路線網を広げていった狭軌を、できるだけ早く広軌に改築しなければと奔走したのが島秀雄《しまひでお》の父・安次郎《やすじろう》である。それと同時に安次郎が推し進めた政策は、日本の歴史的な宿命ともいえる狭軌の鉄道であっても、ぎりぎり目いっぱい大きな幅の車両に設計して、輸送量を増やす現実的な努力も推し進めてきたのである。

「弾丸列車」の基本計画づくりの中心にいた元鉄道省運輸局総務課の権田良彦は語ってくれた。「偉いのは島安次郎さんです。朝倉希一さんとともに日本の鉄道の二大恩人です。なにしろ、狭軌の鉄道のくせに、車軸は広軌にできる。したがっていとも簡単に広軌鉄道になるのです。車両にはすでに、そのような工夫がしてあるのですから」

昭和の初めごろ、父を引き継いで蒸気機関車を設計した島秀雄も、C54の設計において、最高時速一〇〇キロを狙い、動輪の直径を目いっぱい大きくした一七五〇ミリを採用していた。続く、日本を代表するD51の設計では、「スピード、パワー。ボイラー圧、軸重、動輪径……。ギリギリ一歩手前で止めて、全体として〝中庸〟をゆく。それまでの経験を一〇〇パーセント活かした、島さんの最高傑作だと思う」（『新幹線をつくった男』）と当時のD51の保守、修繕、新生を手掛けた久保田博は振り返っている。

また敗戦後、「これからは電車の時代である」と強く認識していた工作課長の島秀雄は、一九四六年に策定された「鉄道電化五カ年計画」の方針を推し進めようとしていた。ところが、泣く子も黙るGHQから命令された。「敗戦国の日本がいま、電化して電車を走らせるなどぜいたくだ。蒸気機関車にしろ」

たしかに、電化するためには発電所や変電所の新設あるいは増設、送電線を広く敷設する必要がある。現状からすると、そうした資金や資材の余裕はなく、電力も一般産業の復興に回すべきだとされた。やむなく島は「これからは電車の時代だ」とする自らの信念をひとまず脇に置き、戦前に手掛けてきた蒸気機関車に逆戻りして設計したのである。最も手慣れていて経験豊富な動力車課長の島が付きっきりで部下たちを指導して完成させたC62は欲張った設計だった。

なにしろ、敗戦後の混乱期で、資材も資金も何もかもが不足する中で設計・製造されていた。ところが狭軌車両の最高時速の一二九キロを記録するのである。意地ともいえる面目躍如で島は、まさしく世界最高クラスの蒸気機関車を世に送りだしたのである。花形の特急である「はと」や「つばめ」を牽引する〝華のシロクニ〟と呼ばれ、絶賛されたのだった。

島はC62については次のように語ったが、彼の視線はさらに先を見据えていたのである。「私の電化、電車の方針に対してはGHQだけでなく、『日本は蒸気機関車で十分間に合うじゃないか』とする考えの(国鉄内の)人達からずいぶん批判もされました。私自身もこの時期、蒸気機関車をつくることを進めたのです。心ならずも計画した蒸気機関車は、狭軌では極限まで大きいものにして、『これだけ大きい蒸気機関車にしてもこの程度の性能しか出ないんだぞ』ということを証明してみせる目的もあったのです。電車の方がいいぞということを理解させる意味も込めてつくってやれというのが、このときのぼくの考えだったのです」

欧米とは異なる日本の地勢に合わせた、独自の性格をもつ鉄道を発展させてきたのである。それは結果として、かなり欲張ったあれもこれも満足させようとする車両の設計でもあった。そうした志向性が長い歴史の積み重ねの中で、当たり前となり、今日の欲張った日本独特の新幹線が生まれてきたのである。

そうした点において、主に欧米の鉄道を手掛けてきた先のノイマイスターの見解とは、やや異なってきて当然なのである。

欧米に限らず世界の鉄道関係者が日本の新幹線を見学・試乗してまず驚きの声を挙げるのは、この過密ダイヤをこなして、目いっぱい走らせていることである。それも時間の遅れがほとんどなくて正確だということである。

「超高速鉄道でありながら、これはマジックだ、神がかり的だ。とてもわが国では真似ができない」

たしかに世界のどこの国の鉄道でも真似ができない芸当であろう。しかも開業以来、脱線や衝突などによる死亡事故がゼロという安全記録は、これまた世界の鉄道を見渡しても見当たらない。しかも、鉄道ビジネスとしてみたときも、日本の新幹線は大量輸送が可能で、その点においてはTGVより有利である。

日本の鉄道は、日本人（鉄道マン）の資質でもある勤勉さや几帳面さに支えられながら、あらゆる点において欲張り、実用優先で、あれもこれも実現させる貪欲さが目立っている。その思想の大きな第一歩は、歴史的にみて、狭軌を選択して大きなハンディを背負ったがゆえに、以後の先人たちがそれをバネにして、限りなく広軌に近づけようとして努力を積み重ねて設計してきた車両の特殊性や保守のきめ細かさにあったのではないか。

だから日本と外国の置かれた条件の違いを無視して、TGVなど外国の鉄道と比べてスピード競争のような報じられ方をしていた一九九〇年代前半の頃の風潮について、島はこう語っていた。

「最近のフランスでは時速五〇〇キロを超える電車（電気機関車）が走ったからといって、日本がすぐ反応するのはおかしい。派手に映るスピードだけを取り上げてはだめなのです。フランスの超高速鉄道は列車の運転間隔がゆったりしているが、日本は緻密に次々と走らせなければならない。同じ超特急といっても、おのずと条件が違うのです。その土地に合ったやり方をやらないと、どこかで無理があって、安全の上でも耐久性の点でも問題が出てくる」

表層的な見方には決して左右されない島の哲学は、あくまで実質性を重んじ、また堅実であり、鉄道本来の世界を見据えての冷めた姿勢である。五〇〇キロ走行を狙うリニアについても、計画当初から一貫して否定的であった。それはまた、戦前に島が設計した蒸気機関車の先頭形状に着目すれば一目瞭然である。戦前の一九三〇年代ごろ、ヨーロッパやアメリカにおいて巻き起こった流線形ブームがあって、その波は日本にも波及した。そのときの島が取った対応は前述したように、単に一時的な流行やブームには左右されない姿勢であった。

三六〇キロの壁を破れ

新幹線は時間価値の観点から所要時間の短縮が最大の目的であり、そのために〝より速く〟を目指し、経営面からは航空機との競争に打ち勝ちたいとの大きな目標があった。営業運転の最高速度は一九六四年の開業時に、０系の二一〇キロでスタートし、現在は三二〇キロとなっている。その間の一九九六年、量産先行の試験車両３００Ｘが日本最高の四四三キロを記録した。

近々、東海道新幹線は最高速度が二八五キロに引き上げられる予定だが、線路の最小曲線半径が小さいために制約され、たとえ速度アップしても大きな値は望めないであろう。

一方、東北・山陽新幹線の線路の最小曲線半径は大きいので、さらなる高速化への伸び代がある。ところが、最終目標値となる三六〇キロを達成するための技術開発の課題は幾つもあって立ちはだかっている。その課題の一つである集電システム（パンタグラフ）は、新たに「多分割スリ板」付舟体を搭載した新型の低騒音パンタグラフを開発してめどをつけた。そのほかには、駆動システムや編成トルク制御・ブレーキ制御、台車などの対地震も含めた走行安全性や信頼性、雪害対策、地上設備への影響、ホーム上の乗客や保守係員に影響を与える列車風などの課題も解決する必要がある。

快適性の向上では、速度アップに伴う上下・左右の振動増加、曲線通過時のローリング振動および動揺などの防止対策がかなり成果を挙げているが、三六〇キロ走行を実現できるまでには至っていない。

また車内の静粛性は車両の全周にわたり遮音効果を高める材料や構造の工夫によってほぼ三二〇キロの現状レベルに抑えられるめどがついたといわれる。だがそれに伴って車両の側構などが厚くなったことで、車内寸法を狭めて圧迫するため、その構造面での検討が進められている。

でも最大の課題はやはり、速度向上に伴って発生する車両のパンタグラフおよび台車下部の空力音、構造物音など各部分から発生する騒音が飛躍的に増大する問題である。このため、音源の発生メカニズムの解明に基づく車両各箇所の騒音対策を進めているのだが、おのずと車両のコストや重量増が伴うため、費用対効果の問題も生じている。

さらにトンネル微気圧波の問題では、三六〇キロともなると、車両の先頭形状を流線形にするといった車両側だけの対策では実現が難しいといわれている。このため、地上設備側のトンネルの出入り口に抑制効果をもつ緩衝口を設ける検討を行っている。となると設備投資額が大きく膨らむため、三六〇キロ達成の大きな障害となっていて頭打ちの状態にある。

ＪＲ東日本および鉄道総研の関係者によると「未達成の技術課題はかなり絞り込まれてきたが、残された課題はどれもハードルがかなり高いことも事実である」という。それらを克服するためには、「今一度、基礎的な研究にまでさかのぼって地道な実験を進めてデータを蓄積し、また従来の考え方や発想にはとらわれない異分野からの新たな視点や技術導入にも取り組んでいきたい」と語っていた。

高速化はどこまで進むのか

では、こうしたＪＲ各社が取り組んできた新幹線の速度向上の限界値は何キロなのか、さまざまな説がある。ここでは、かつて国鉄時代の車両設計事務所において電車や電気機関車、さらには浮上式鉄道（リニア）の性能および技術開発を担当していた、社団法人日本鉄道車両機械技術協会の佐々木拓二専務理事の見解を紹介しておこう。「新幹線はどこまで高速で走れるのか―走行抵抗から見た限界速度の一考察」（『ＪＲＥＡ』二〇一一年五月号）において披瀝している。

新幹線の速度限界を明言することは、技術データの裏付けに基づく信憑性と併せて、リニアの（否定も含めた）意義にも関係してくるので、ＪＲ関係者はおのずと慎重で曖昧な表現をする場合が多い。また人によってその限界値がかなり異なっている。

現在、佐々木は国鉄の車両技術者だった時代からかなりの年月が経っていて、ＪＲ各社から一定の距離を取ることができる立場だけに、率直に語っている。

「高速鉄道の世界では、欧州や中国においては三五〇ｋｍ／ｈや三八〇ｋｍ／ｈでの営業運転も現実のものになりつつある。しかし我が国では、東海道新幹線が開業して間もない時期（一九七〇年頃）に、鉄レール・鉄車輪から成る新幹線方式（粘着方式）の鉄道での最高速度は三〇〇ｋｍ／ｈ程度が物理的限界であり、実営業運転速度（表定速度）としては二五〇ｋｍ／ｈ程度が実用上の限界であるとの結論を下した」

この見解の根拠は、一九六八年に発足した国鉄技師長室の高速鉄道プロジェクトの中の「超高速鉄道研究会」が、一九六八年から一九七二年の間に発表した「超高速鉄道研究会資料」「超高速鉄道に関する技術的検討」など一連の資料に基づいている。

ということは、その後の技術進歩は考慮されておらず、四十数年も前の古い時代に出した結論なのである。だから佐々木は「一九七〇年当時のこの結論を、今も正しいと思っている鉄道技術者は少ないと思われる」と指摘する。

このため、粘着式の新幹線の速度限界の三〇〇キロと航空機の巡航速度八〇〇キロとの間の五〇〇キロ程度の非接触型の磁気浮上式リニアによる超高速鉄道が必要であろうとの、大雑把な判断で結論付けられたのだった。その後、リニアの研究開発や実証試験が本格化するのである。

鉄レールと鉄車輪との摩擦力（粘着力）でもって列車を進める走行原理（粘着式）の現在の鉄道システムでは、速度向上に対して三つの壁がある。（1）粘着（摩擦力）の壁、（2）車輪支持（台車）・走行安定性の壁、（3）接触集電（パンタグラフ）の壁、である。

その中でも（1）の、一定の速度を超えて高速になると、車輪が滑って（空転）しまうことからくる粘着式の限界値があるからだ。

リニア決定時点の誤り

ところが、先の一連の報告書が示した速度限界の判断の仕方に「誤りがある」と佐々木は指摘する。それは、これらの報告書での結論は、粘着が利かなくなることからくる限界速度ではなく、各車両に搭載される主電動機などの出力限界から決められた値であるというのである。それが一連の報告書の「まとめ段階では、その限界速度が粘着方式の限界速度と表現され、この三一〇（三〇〇）km／hの数値が、その後の粘着の限界値として一人歩きすることとなる」

さらに先の超高速鉄道研究会では、矛盾するおかしさが幾つかあって、「研究会の報告書での走行抵抗の扱いには基本的な誤りがある」と言い切るのである。

佐々木の主張からすると、国鉄の首脳も含めた技術陣はリニアの実現を強く望んでいるだけに、意図的に「粘着式では二五〇キロ以上の高速化は出来ないから」との結論にすり変えたのではないかとの憶測も生まれてくる。この結論を踏まえて、リニアの実用化に向けた研究開発を加速させるからだ。

そんな佐々木自身、この後、車両設計事務所において、それまで担当してきた粘着式の在来の鉄道（電車）から浮上式鉄道（リニア）の担当へと移っている。それゆえ、彼は両方の方式や計画に精通しているのである。

でも、その後の実際の新幹線車両の開発では、一九九二年に交流機（誘導電動機）を採用することで主電動機の出力が大幅に増加した。車両の軽量化やパンタグラフの並列化、空力抵抗や騒音、トンネル微気圧波の軽減なども加わって、300系の最高速度は一挙に二七〇キロに向上した。さらには先のように500系以降の一連の新世代の新幹線ではさらに三二〇キロまで速度アップするのである。

また新幹線と同じ粘着方式のフランスＴＧＶの試験車両による走行実験では、特殊な条件での瞬間的な速度とはいえ、五七四・八キロを実現した。となると粘着式の限界速度は五〇〇キロを超えるということになる。でも営業速度となると、実際には新たな問題として、車輪支持・走行安定性、接触集電、空力抵抗などの「技術的な壁」が立ちはだかる。さらには、「社会の壁」としての騒音やトンネル微気圧波、安全性や全設備の保守の課題もある。加えて、「経済性の壁」として効率性およびエネルギー消費の課題もあって、これらのバランスを考慮して営業最高速度が決められる。

だがこれらの課題（壁）は、なにも新幹線に限ったことではなく、磁気浮上式のリニアを含めた超高速鉄道（輸送機関）に共通している。佐々木は最後に結論を述べている。

「いずれにせよ三〇〇ｋｍ／ｈ以上の高速は非粘着鉄道でしか達成できない、三〇〇ｋｍ／ｈ以上は非粘着鉄道（リニア）だけの世界だという、適合領域をはじめから分けて考えることは誤りである。三〇〇ｋｍ／ｈ以上の速度域も、粘着方式（新幹線方式）と非粘着方式（磁気浮上方式）とが共存する世界であり、方式が一義的に決まるわけではない。どちらの方式を採用するかは、システム選択の問題として捉えるべきだと私は考える」

さらには、「粘着特性の見直しを行い、近年の空気抵抗低減の成果を織り込み、適正な軸重を設定し、誘導電動機の幅広い定出力特性と高出力とを活用するならば、粘着方式の限界速度は、更に高速域に移動し、五〇〇ｋｍ／ｈに達することになるであろう」と佐々木は指摘する。

となると、この結論や指摘は、後述する東海道のリニア建設の是非をめぐる問題とも密接に関連してくることは明らかだ。

コンコルドとリニア

着工が目前に迫ってきたリニア建設プロジェクトについては、事業者側が挙げる必要論の根拠と同時に、さまざまな観点からの批判や反対、懸念や危惧が論じられている。後者については、納得することも多いのだが、本書が着目する主題からはやや主眼点が逸れる。このため、突っ込んだ議論は別途論じたいと思っているが、ここでは関連してくる数点だけを指摘しておきたい。

まず時代的な背景からみると、リニアが必要との判断が下された一九七〇年初めごろは、ちょうど日本の驚異的な高度成長の後半ごろで、経済や技術においても大いに自信をもち始めた時期である。しかも、資源やエネルギーはまだ無限であるかのように思われ、騒音や大気汚染の公害についても、現在ほど気にしなくても済むと思い込んでいた時期でもあった。

やがて、日本がバブル経済に浮かれて沸き立ち「ジャパン・アズ・ナンバーワン」と持て囃されていた一九八〇年代後半の時期だった。〝時速五〇〇キロのリニア、実現近し〟〝世界に誇る日本の独自技術〟と騒がれて、一挙に現実味を帯びてきたことを思い出す。

私自身もその頃、シンクタンクの主任研究員として、日本の超電導関係の主な研究者や関係者一同を集めた一〇〇人近い委員会の将来需要予測部会の委員に指名され、リニアの権威者である京谷好泰元国鉄技師長（浮上式鉄道技術開発推進本部長）らの考えを拝聴したりしていた。

ということは、リニアはこの間の約二十年の、日本経済が一方的な右肩上がりの〝行け行けドンドン〟といった強気の時代背景の下に生まれた夢であり、勢いづいた計画だったことを思い浮かべる。そして、その決定時期は、従来の一連の旅客機の巡航速度マッハ〇・八五を一挙に超えて、史上初のマッハ二の超音速旅客機「コンコルド」（ＳＳＴ）が初飛行した一九六九年とほぼ一致している。

そのコンコルドの結末については、第一章においてすでに紹介したように、散々な結果で失敗に終わっている。その主な原因は、ソニックブームの騒音であり、通常の旅客機と比べて一座席当たりの燃費は六倍、料金は三倍にもなって利益を上げられなかった。それに、オゾン層破壊につながる成層圏の汚染問題もあった。

「これからは超音速旅客機の時代だ」と騒がれていて、コンコルドとほぼ同時期に開発されていた７４７ジャンボジェットは、図体こそ大きいが、従来の旅客機と同じスピードで、それをスケールアップした機体にすぎない。乗客の定員はそれまでの旅客機の約二倍半もあって、一座席当たりの燃費が良くなり、大量輸送も可能で運賃もかなり安価になることを狙った旅客機だった。当初はＳＳＴの陰に隠れて日蔭者扱いで、あまり人気がなかった。ところが、一九七三年秋に起こった石油危機に伴う石油価格の高騰で、両者の立場はその後、まったく逆転するのである。

結局、コンコルドは巨額の開発費を投じながら、一六機しか生産されなかった。〝より速く〟のスピードを何よりの価値として開発されたコンコルドは、環境、エネルギー、経済性の問題で成り立たず、世紀の大失敗となったのである。

リニアは「絶対にペイしない」

鉄道や航空機と同じ輸送系の自動車の世界も、一九八〇年代までの日本では、強力な馬力で、スピードがどこまで出せるかといったことがドライバーの大きな関心事で購入時の選択肢にもなっていた。ところが、一九九〇年代に入ると購入者の志向性は大きく変わってきた。衝突安全性や燃費、ガソリンの消費が少ない環境対応のハイブリッド車などが今では販売の上位を占めている。

リニアが五〇〇キロ走行したときの電力消費は、新幹線の三から五倍といわれている。福島原発の事故以降、原発基数の縮小から自然エネルギーへの転換が叫ばれ、エネルギー価格はかなり高くなりそうである。建設費もリニアは新幹線よりはるかに高い。ところが、新幹線との最高速度の差は、先の指摘のように、実用化を目指す判断を行った四五年前よりもかなり縮まってきている。

鉄道のように巨額（リニアは九兆円）のインフラ設備は、機体単体が退役しさえすればそれでことが終わるコンコルドとはかなり大きく違ってくる。問題が出て解決できなければ、その後が大変である。膨大なエネルギー消費や、収益性の悪さ、また技術的あるいは環境面での問題を引きずりつつ五〇年、一〇〇年と運行を長きにわたり続けることになるからだ。事前の需要調査や対環境問題、経営的収支、技術的問題、エネルギー問題など、よほど詰めておかなければ大変なことになる。だが現実には、それらの突っ込んだ資料が開示されていないし矛盾点も多いのが現実である。

そうした実情からすると、世界において日本以外では唯一、リニアの研究開発そして実用化に向けて積極的な取り組みをしたことのあるドイツの例を検証しておく必要があろう。結局は二〇〇〇年、ベルリン—ハンブルグ間（二九二キロ、東京—名古屋間とほぼ同じ距離）のリニア建設計画を中止することを決定して、この分野から手を引いたからだ。とても巨額の投資を回収できる見込みがなく、環境に悪影響を与え、在来線とのネットワーク化が不十分などの理由からである。

二〇〇〇年に起きた地下鉄日比谷線の脱線事故の後、インタビューしたことのある元ＪＲ東日本の山之内秀一郎会長は単刀直入に語っていた。「鉄道においては、スピードばかりを競うような考え方はだめだし、そんな思想の技術者もだめだ。鉄道は技術サービス産業なのだ」

さらに山之内は、リニアを匂わせるような発言をした。「赤字経営に悩まされ続けて、ついに分割民営化した国鉄時代の苦い教訓からすると、鉄道事業において、公共事業みたいに巨額の設備投資による借金を抱えつつの経営は企業を倒産に追い込んでしまう」と吐き捨てるように語った。

二〇一三年九月一八日に発表されたＪＲ東海のリニア中央新幹線の環境評価準備書をめぐる記者会見の席で、驚くべき発言が飛び出した。ＪＲ東海の山田佳臣社長が「（リニア中央新幹線計画は）絶対にペイしない」と発言したのである。既存の東海道新幹線から上がる巨額の収益を、リニアの建設費に回すことになるというものでもあった。内情を最もよく知る経営のトップだけに、本音も交えた複雑な思いがにじみ出たといえよう。

グローバル展開を目指す新幹線

二〇一四年四月一〇日、ＪＲ東海、東日本、西日本、九州の四社、および日立製作所、川崎重工など主要車両メーカーや団体からなる「国際高速鉄道協会」（ＩＨＲＡ）の初会合が東京で開かれた。この協会は、近年、世界一一カ国で進められつつある高速鉄道計画などを念頭に、新幹線やリニアの採用を働きかけて売り込む海外輸出を目指している。

この日の会合には、米国やインドなど六カ国の政府関係者が招かれていた。理事長に就任した元国土交通省の事務次官・宿利正史《しゅくりまさふみ》は、これら関係者を前に強調した。

「東海道新幹線開業からの五〇年間において、列車の事故による（乗客）死傷者はゼロである。新幹線は絶対的に安全な輸送を実現している」

新幹線方式は、フランスTGVやドイツICE、スペインのVelaroのように在来線に乗り入れる方式とは異なる。新しく別線を建設し、自動列車制御装置（ATC）で正確にコントロールして衝突を防ぐ安全性を最優先した鉄道である。それも、動力分散による軽量な車両の電車方式を採用している。

しかも、JR東海の東海道新幹線のように、世界に類を見ない数分間隔で運行できる高密度運行であり、高精度の保安システムや運行管理システムも備えた「大量輸送が可能」な高速鉄道である。世界を見渡しても、こんな高速鉄道は新幹線をおいて他には存在しない。「たしかに最高速度では海外の高速鉄道にかなわないが、安全性そして振動や騒音などの対環境性能では優れている」とJR関係者は胸を張る。

『週刊朝日』（二〇一〇年十二月二十四日号）掲載の「ニッポン『新幹線』の逆襲」の取材記者・三嶋伸一とともにインタビューした、元0系の設計者で島秀雄の次男・隆は解説した。「軌道（線路）に人や車が入れなくて、踏切も無い高速専用の別線を走ることで、新幹線の安全神話が保たれてきたのです」

JR各社が得意とするそれぞれの技術をうまく組み合わせることで、世界各国のニーズに合わせて、柔軟に対応して受注につなげる狙いである。

フランスやドイツに先駆けて開業した先輩格の新幹線だが、海外輸出となるとその実績は極めて乏しく、欧州勢から大きく引き離されているのが現実だ。あるのは台湾高速鉄道だけでしかない。それも当初の受注段階では日本が敗退して、独・仏欧州連合の技術・規格で導入されることがほぼ決まった。ところがその頃の一九九八年六月三日、ドイツの高速鉄道がエシェデで車輪の欠陥による脱線事故を起こし、死者一〇一人、負傷者約二〇〇人を出した。翌年九月二十一日には、台湾を大地震が襲った。

この二つの出来事によって、台湾の鉄道当局は恐れをなし、計画を再検討することになった。安全性および地震対策の面で進んでいる設計の日本の新幹線車両700系の技術および新幹線方式の軌道構造（線路）やATCを、途中から採用することにしたのである。結局、欧州と日本の技術をミックスしたシステムとなった。

このため、先の島隆は台湾高速鉄道から招請され、アドバイザーとして六年にわたり建設、指導にあたった。でも世界を見渡すとき、台湾高速鉄道のような例は少ない。

中国高速鉄道の躍進

その一方、この一〇年ほどの間に、急速に高速鉄道の建設に乗り出した中国の先進国追い上げは急である。日本と同様に人口も集中するその大都市および中都市間を結ぶ高速鉄道の利便性は高い。急速に路線網を広げて、現在では総延長が七〇〇〇キロに及び、その距離は世界第一位で断トツである。計画では、将来は一万七〇〇〇キロまで延ばす予定で、年に約一〇兆円もの投資を続けるとしている。

二位は鉄道後進国のスペイン、三位が日本でその距離は中国の四分の一、五位はフランスで五分の一である。ということは、やがて中国の高速鉄道は日本の約一〇倍もの路線距離になる。

経済の飛躍的発展を背景に、高速鉄道を含む鉄道全般に対する取り組み姿勢は意欲的で目を見張るものがある。鉄道の普及率が低い現状からすると、やがては世界を主導する鉄道王国に発展することは必至であろう。

自主技術での発展を目指していた中国だが、これでは経済発展のテンポに遅れてしまうとして、二〇〇〇年代に入ると、外国からの技術導入に路線転換した。はるかに先行する欧州や日本の高速鉄道の技術を比較検討して、その将来性からして新幹線で採用した動力分散方式の電車が適当と結論付けた。その後、日本やドイツ、イタリアなどから技術導入を図る賢明な判断を下したのである。

一九九一年に開業したドイツの高速鉄道のICEも、当初は仏TGVと同じ動力集中方式を採用したが、途中から分散方式の電車に転換した。現在では、このドイツの方式が欧州（ＥＵ）地域での主流となり、国を超えて広く運行されている。

そうした大きなトレンドの見極めも含め、中国のポリシーは憎いほど明確である。巨大な中国市場への進出を虎視眈々と狙う各国の足元を見て、互いを激しく競争させて有利な条件を引き出し、技術の供与を迫る駆け引きに長けている。やがて国産化し、自立して鉄道事業を自前で発展させていくことを目標としてきたからだ。

二〇一一年六月三〇日、北京―上海間の一三一八キロを結ぶ新たな高速鉄道が、最高時速三〇〇キロの営業運転を開始したが、その一カ月後に追突・脱線の大事故を起こし、死者四〇人、負傷者約一五〇人を出した。鉄道はステップ・バイ・ステップの経験工学だけに、中国が培ってきた高速鉄道の技術やノウハウはまだまだ不十分で未消化であり、拙速気味であったことは否めない。

この高速車両は独シーメンス系の「ＣＲＨ３８０Ｂ」と、川崎重工が二〇〇四年に提供したＥ２系「はやぶさ」の技術をベースにした「ＣＲＨ３８０Ａ」である。

だが中国側は「導入した技術を完全に消化して、独自に発展させたため、まったく問題はなく、中国のものである」と主張し、世界各国へ特許申請をし、問題となっている。

Ｅ２系の営業最高時速二七五キロを大きく上回る三八〇キロをも許容する世界一の速度で運行を開始していたのである。そればかりか、二〇一一年一月には最高速度は四八七・三キロを記録し、営業用車両でも四八六・一キロを出していて、新幹線の四四三キロを大きく上回っている。

中国の高速鉄道のコンセプトは、後発メーカーの有利さを存分に生かして、欧米各国および日本の長所を取り入れる、いいとこ取りで技術をミックスさせ、よりいいものを自前でつくる点にある。それに加え、規格（建設規程）はどの国よりも余裕を持たせていて、より高速走行の可能性を秘めている。

トンネルドンやすれ違いの衝撃を防ぐため、トンネルの断面積は新幹線の倍近い大きさにしている。曲線半径および想定する設計最高速度は、山陽・東北新幹線の二倍の八〇〇〇メートルで四〇〇キロとし、ともに世界一である。

それを国家政策として、国および鉄道事業者、車両メーカーが一体になって推し進める体制の戦略的な取り組みで臨んでいる。その点、日本は鉄道事業者のＪＲ各社と車両メーカーが全く別々なだけに、海外展開しようとするときに足を引っ張っている。

中国の高速鉄道の将来を見据えようとするとき、すでに日本を大きく上回る最高速度の三八〇キロ運転を、実験車両ではなく、営業運転の「ＣＲＨ３８０」で盛んに行ってきている事実がある。今では中国の高速鉄道の建設コストは新幹線の約半分程度の安さと援助との抱き合わせで国際市場に登場してきている。それは仏ＴＧＶの技術を取り入れた韓国も同様で、これまた強敵となっている。

パッケージ型の受注に向けて

だが現状では、日本の海外展開に立ちはだかる大きな壁は、フランスのＴＧＶ系列とドイツのＩＣＥ系列である。両者のスタートは、先行していた日本の新幹線を参考にしつつ、その短所の轍を踏まず、独自の高速鉄道システムを形づくって、在来線にも乗り入れ、周辺の隣国へも乗り入れている。いまや、高速鉄道が実用化されたそのほかの国々は、スウェーデン、イタリア、スペイン、米国、英国などがある。

これらの高速車両および全体システムをつくり上げたのは、世界三大車両メーカーとして抜き出ている老舗の仏アルストム、独シーメンス、カナダ・ボンバルディアである。

日本の新幹線の強みは、協会が先のように強調した対環境性能や高密度運行など加えて、構成する諸々のサブシステムおよび要素技術が高品質で信頼性が高い。しかも、これらのシステムを支える現場の技術者や作業者の質が高くて優秀である。その結果、省エネで抜群の安全性、精確で安定した大量輸送を実現してきたのである。

しかし、これらの強みとは逆に、次のような弱点が幾つもある。在来線に乗り入れることを前提につくられた欧州とは異なり、別線が主で規格も違うだけに、それはできない。新幹線固有の規格や特定の条件に特化したシステムであるために制約が出てきて、融通性に欠けるのである。

その中でも、安全性を強みとする新幹線にとって問題なのは、衝突時の車両強度の不足である。自動車の「衝突安全ボディ」と同様に、衝突時には強靭で、しかも衝撃を吸収してやる構造にする必要があるのだ。

新幹線と違って踏切なども多くある在来線に乗り入れる欧州の高速鉄道には、強い衝突強度が求められ、規格として決められている。ところが、専用の別線で人や車が入って来られないように防護フェンスで囲われた日本の新幹線は、衝突の危険性が極めて低い。その分、車体の軽量化を図って騒音や振動を減らせた。その結果、必然的に強度が弱くて、欧米の規格を満足しないのである。となると、受注競争以前に、「規格外」として、戦わずして勝負は負けとなる。

こうしたハンディを克服するため、日本の車両メーカー各社は、輸出先の規格に合う強度の高い緩衝構造のE6系（在来線にも乗り入れるゆえ）および試作車を実現している。

それだけではない。鉄道の国際入札では、運行や整備・保守、修理なども含めた鉄道システム全体のパッケージ型の発注が多くなっている。このため現実問題として、高速鉄道システムそのものを開発することと併せて、顧客との間に入って両者の調整や監督、指導を行う、実績豊富な技術コンサルタント（会社）およびシステムインテグレーター（システム全体を総括・管理できる会社）が必要となる。それは、鉄道の海外への輸出案件では、基本計画や仕様の作成、実際の施工管理や技術面に至るすべてを、外部のコンサルタントに依頼して任せる方式になっているからだ。

だが日本の鉄道は、運行会社のＪＲ各社と専門の車両メーカーとは別会社である。このため、外部の技術コンサルタントやシステムインテグレーターがほとんど育っておらず、輸出案件の受注活動で大きなハンディとなっている。

だが近年、日立製作所は英国の高速鉄道で、運行や保守も含めたパッケージでの受注に成功した。川崎重工もまた、高速鉄道ではないものの、米国での一千数百億円規模の大型受注に相次いで成功している。また日本の鉄道関係者は「欧米各国の規格を満たす高速車両を作ろうと思えばいつでも作れます」と自信のほどを語る。

鉄道に限らず、携帯など情報通信や電気製品、自動車なども含めて、こうしたグローバルスタンダードの規格制定をめぐる争いでの駆け引きや国際間の交渉術に弱い日本は敗退続きである。国内需要だけに満足してきた日本の鉄道も、その二の舞になっているのが現実だ。それは日本の工業製品が「いいものさえ作れば売れる」とか、過剰品質のオーバースペックの「ガラパゴス化」していることと深く関係している。

ガラパゴス化からの脱却を目指す

こうした日本のさまざまな弱点をカバーして、海外展開を盛んにするため、先に紹介した「国際高速鉄道協会」が、遅ればせながら発足したのである。ＪＲ各社と車両メーカーほかが一体となってタッグを組み、オールジャパン的な体制で臨もうとしている。

これを国交省が後押しし、安倍政権が掲げる成長戦略の一環として、官と民が一体となって、鉄道や水道、電力など社会基盤のインフラ事業輸出の柱の一つに据えようとしている。二〇一四年一月には、インドを訪問した安倍晋三首相が、計画中の高速鉄道として新幹線を、シン首相に直接売り込むトップセールスを行って注目された。このとき、路線の敷設を予定している地域の共同調査を担う約束を取り付けている。

アジアなど発展途上国では新線を建設する場合が多く、また日本の新幹線の成功要因の大きな条件となった人口密度が高い都市間を走る路線だけに、大いにチャンスがある。

こうした最近になって活発化してきたJR各社や車両メーカーの海外展開は、新幹線や在来線の拡張が頭打ちとなり、また新世代の車両技術が成熟段階に入り停滞気味となってきたからだ。日本の新幹線は前述したようなハンディがある半面、騒音など厳しい環境（公害）規制の下で鍛えられて技術を磨き上げてきただけに、公害防止機器や自動車（エコカー）などと同様に、その技術は世界のトップを走る。それと同様に鉄道もまた、新幹線の「安全性は世界一」との折り紙つきで、豊富な実績とノウハウ、省エネ技術、高密度運行による大量輸送が可能な成熟したなど、これこそ最高の価値であり強みであるだけに、輸出の可能性は十分にあると言えよう。

二〇一三年、JR東日本の冨田哲郎社長は、海外展開の経営方針を強く打ち出して取り組みを始めている。「地域に生きる。世界に生きる」を合言葉に、「国内に閉じこもっていては成長ができない。長期的に見て国内市場は少子化、人口減少のトレンドが続く現実からして、グローバル化で新たな事業領域に挑戦する。海外に打って出てわが社の力を示すときが来た」「ノウハウを一括して売り込み、海外で鉄道ビジネスを実現する」

これまでの国内の殻に閉じこもる傾向が強かった姿勢を転換した。「ガラパゴス化」からの脱却を目指そうとしているのである。

ちょうど開業から五〇年を迎えた新幹線は、日本の輸送インフラの姿を変貌させ、日本の経済発展や利便性を高めることにも大きく貢献してきた。０系の登場では世界を驚かせて、世界の鉄道にルネッサンスを巻き起こすきっかけを生み出した。その後の停滞を経て、再び異種の航空技術をスピンインすることで飛躍を遂げて新世代の車両を生み出した。さらには、懸念や不安が論じられながらもリニアは、未知なる時速五〇〇キロの超高速の世界へ突き進もうとしている。日本の鉄道業界全体も新たな次元へと突き進むグローバル展開を加速しつつあり、これまでにも増して大いに注目していきたい。

あとがき

振り返れば、ちょうど五〇年も前のことになる一九六四年一〇月一日、東京オリンピックの開催に合わせて、白い弾丸のような〝夢の超特急〟新幹線が走り出した。その時のTVニュースの映像は、今も私の脳裏にしっかりと焼き付いている。世界からは、「奇跡的」とか「驚異的な伸び」とまで言われた高度経済成長が、確実な足取りで走り始めていた時代でもあった。その点からすると、現在の日本を取り巻く状況はすっかり様変わりしたといえよう。

本書の執筆を強く促したきっかけの一つは、筆者にしては珍しく視覚的なものだった。序章で触れた、時代の最先端を走るコンピュータCGの世界を象徴するような超流線形のフォルムに触発されたからだ。たぶん、そのことに着目したのは、数十年来の交遊関係にある現代アートや工芸関係の作家およびデザイナーたちから受けてきた刺激によって、おのずと感性が反応したのであろう。

もう一つは、本書に登場する0系も含めた〝車両設計の第一人者〟星晃氏をインタビューした際にけしかけられた言葉である。「晩年はインタビュー嫌いとなっていた島さんに、八回もインタビューしたなんて、日本中であなたくらいしかいないのだから、もっと島さんについて書きなさい」

この二つのことは、筆者が最も専門とする航空機の技術と深く繋がっていて、自然と本書のストーリーを想起させ、関係してくる専門の研究者や技術者らを取材することになった。また鉄道総研などで古い時代および最新の文献資料を渉猟することにもなった。その作業の過程であらためて強く感じさせられたことがある。

これまで筆者は航空機、軍用機、民間航空、ジェットエンジン、鉄道、自動車、造船（船舶）、ロケット、ピアノなどの開発を担った日本を代表する技術者たちや技術者集団にインタビューし、一〇〇年近いスパンでの産業技術開発史あるいは昭和史、精神史の一側面を描いてきた。

ところが最近になると、これらの各分野における蓄積が、頭の中で面白いように通時的、共時的に絡み合い、あるいは反応し合って、それぞれの領域を超えて共通する、やや大袈裟にいえば文明史的な課題や限界性といったようなものが見えてくるのである。

本書でも触れたが、日本の鉄道分野は、新幹線技術の成熟（スピードの限界）や海外展開の加速、さらにはリニア建設のスタートといったこれらの動向からして、明らかに大きな転換点にある。そうしたことを念頭に置くとき、島氏から伺った鉄道の世界も超えての含蓄のある一つ一つの言葉や、世界（史）的な視野からのさまざまな知見や見識の深さ、歴史的洞察力といったことが反射的に思い浮かんできた。と同時に、それらを支える理念や私心のない人格の重要性にあらためて気付かされるのである。

そのことに関連して、今世紀前半における最大級の国家的事業ともいえるリニア建設だが、その着工を急ぎ推し進めようとするＪＲ東海や政府の姿からして、プロジェクトの是非やその価値判断以前の、それを決断する指導者たちの資質も問われているように思えてくる。

たぶんこの決定は、年輩の指導者たちによる〝再び世界一を〟との夢を追うモーティブフォースが強く働いた結果なのであろう。

公共的な性格をもつ重要なインフラの鉄道は、〝百年の計〟ともいえるパースペクティブでグランドデザインして、マクロ的にも整合性をとる必要があるだろう。だが直接的な利害を超えて、大所高所から見定められる見識や慧眼をもった人物が、現代の日本には育たなくなって久しいような気がしている。

やや風呂敷を広げた感はあるが、こうした疑念を抱くようになったことには必然性がありそうだ。一九七〇年代初めごろまでは、地球環境や資源、エネルギーなどに対する考慮が希薄で、ひたすら〝より速く〟を追い求めるスピード最重視の考え方が当たり前と思われていた。また経済成長も景気の変動はあるものの、果てしなく続くかのごとく思い込んでいた。そうした、無意識のうちにも信じていた（「近代」という時代特有の）進歩史観に基づくライフスタイルの在り方に対して、今ではあちこちで疑義が生じてきたからだろう。

それに反比例して、これらが有限であることを踏まえての、調和のとれた社会の在り方へと転換を余儀なくされているとの予感や時代認識が次第に膨らんできているからだろう。

本書に登場するインタビューさせていただいた多くの方々、資料の提供や閲覧をさせていただいた方々には深く感謝申し上げたい。

専門的な内容も含むだけに、なにかと神経を使うことになったであろう初顔合わせの担当編集者・戸塚健二氏にはいろいろとお世話になった。そして今回も、講談社時代からお世話になっている古屋信吾氏の強い奨めによって本書が発刊に漕ぎつけたことを感謝申し上げたい。

平成二十六年五月

前間孝則

主要参考文献

『日本国有鉄道百年史』一〜十四（日本国有鉄道、一九六九〜七四年）
『鉄道技術発達史』第1〜8編（日本国有鉄道、一九五八、五九年）
『東海道新幹線工事誌』（日本国有鉄道、一九六五年、日本鉄道施設協会）
『島秀雄遺稿集　二〇世紀鉄道史の証言』（島秀雄遺稿集編集委員会監修、二〇〇〇年、日本鉄道技術協会）
『鉄道電化秘史』（田中祥伸、一九六九年、鉄道界評論社）
日本歴史叢書・45『日本の鉄道』（原田勝正、一九九一年、吉川弘文館）
『東海道新幹線』（角本良平、一九六四年、中央公論社）
『日本鉄道創設史話』（石井満、一九五二年、法政大学出版局）
『人物国鉄百年』（青木槐三、一九六九年、中央宣興）
『国鉄蒸気機関車小史』（臼井茂信、一九五六年、鉄道図書刊行会）
『自然に学ぶ　地球に謙虚に』（仲津英治、一九九九年、近代文芸社）
『地球環境とエアロトレイン　環境革命の世紀に期待される空力浮上型高速輸送・エネルギーシステム』（小濱泰昭、二〇一〇年、新理工評論出版）
『JRはなぜ変われたか』（山之内秀一郎、二〇〇八年、毎日新聞社）
『未完の「国鉄改革」　巨大組織の崩壊と再生』（葛西敬之、二〇〇一年、東洋経済新社）
『超高速に挑む　新幹線開発に賭けた男たち』（碇義朗、一九九三年、文藝春秋）
『弾丸列車　幻の東京発北京行き超特急』（前間孝則、一九九四年、実業之日本社）
『技術者たちの敗戦』（前間孝則、二〇〇四年、草思社）
『新幹線をつくった男　島秀雄物語』（高橋団吉、二〇〇〇年、小学館）
『海を渡る新幹線　アジア高速鉄道商戦』（読売新聞中部社会部、二〇〇二年、中央公論新社）
『最速への挑戦　新幹線「N700系」開発』（読売新聞大阪本社、二〇〇六年、東方出版）
『リニア新幹線　巨大プロジェクトの「真実」』（橋山禮治郎、二〇一四年、集英社）
『流線形列車の時代』（小島英俊、二〇〇五年、NTT出版）

『流線形シンドローム　速度と身体の大衆文化誌』（原克、二〇〇八年、紀伊國屋書店）
『カラー版　電車のデザイン』（水戸岡鋭治、二〇〇九年、中央公論新社）
『現代社会の理論　情報化・消費化社会の現在と未来』（見田宗介、一九九六年、岩波書店）

【学会誌・雑誌・新聞】
『日本流体力学会誌』『日本機械学会誌』『日本航空宇宙学会誌』『鉄道総研報告』『機械の研究』『ＪＲＥＡ』『鉄道車両と技術』『三菱技法』『鉄道ファン』『鉄道ジャーナル』『鉄道のテクノロジー』『朝日新聞』『日本経済新聞』『日経産業新聞』

写真提供

青木　勝
共同通信社
日本航空
さくら舎

著者略歴

ノンフィクション作家。一九四六年佐賀県生まれ。法政大学中退後、石川島播磨重工業の航空宇宙事業本部技術開発事業部でジェットエンジンの設計に二〇余年従事。一九八八年に同社退社後、日本の近現代の産業・技術・文化史の執筆に取り組む。
主な著書に『YS11』『富嶽』『マン・マシンの昭和伝説』『戦艦大和誕生』（いずれも講談社）、『飛翔への挑戦』（新潮社）、『弾丸列車』（実業之日本社）、『日本のピアノ100年』『技術者たちの敗戦』『満州航空の全貌』（いずれも草思社）、『日本の名機をつくったサムライたち』（さくら舎）などがある。

新幹線《しんかんせん》を航空機《こうくうき》に変えた男《おとこ》たち
——超高速化《ちょうこうそくか》50年の奇跡《きせき》

二〇一四年六月一〇日　第一刷発行

著者　前間《まえま》孝則《たかのり》
発行者　古屋信吾
発行所　株式会社さくら舎　http://www.sakurasha.com

東京都千代田区富士見一-二-一一　〒一〇二-〇〇七一
電話　営業　〇三-五二一一-六五三三　FAX　〇三-五二一一-六四八一
　　　編集　〇三-五二一一-六四八〇
振替　〇〇一九〇-八-四〇二〇六〇

装丁　石間　淳
図版製作　朝日メディアインターナショナル株式会社
印刷・製本　中央精版印刷株式会社

ISBN978-4-906732-77-7